상위 1% 인재는 어떻게 만들어지는가?

상위 1 % 인재는 어떻게 만들어지는가?

ⓒ한수위, 2022

초판 1쇄 인쇄 2022년 6월 7일
초판 1쇄 발행 2022년 6월 17일

지은이	한수위
편집인	권민창
책임편집	윤수빈
디자인	홍성권
책임마케팅	김성용, 윤호현
마케팅	유인철, 문수민
제작	제이오
출판총괄	이기웅
경영지원	김희애, 박혜정, 박하은, 최성민

펴낸곳	㈜바이포엠 스튜디오
펴낸이	유귀선
출판등록	제2020-000145호(2020년 6월 10일)
주소	서울시 강남구 테헤란로 332, 에이치제이타워 20층
이메일	mindset@by4m.co.kr

ISBN   979-11-91043-90-7(13590)

마인드셋은 ㈜바이포엠 스튜디오의 출판브랜드입니다.

상위 1% 인재는

소중한 자녀를 미래 핵심 인재로 키우는 가장 혁신적인 방법

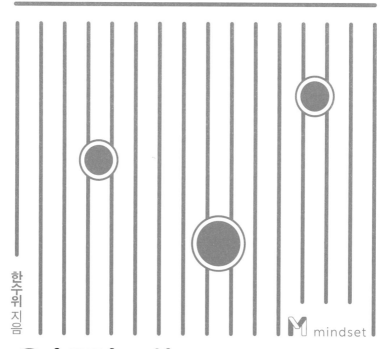

한수위 지음

mindset

어떻게
만들어지는가?

들어가는 글

꿈꾸고, 연결하고, 가치를 창출하는 아이가 미래 핵심인재입니다

—

4차 산업혁명은 더 이상 영화나 소설 속에 등장하는 상상의 세상이 아닙니다. 우리 눈앞에 펼쳐지고 있는 현실입니다. 고도화된 지능 정보기술은 인공지능과 로봇 등의 모습으로, 우리 삶에 들어와 공존하고 있습니다. 또 4차 산업혁명으로 인해 제각각 발달해왔던 첨단기술은 서로 '연결'되고 '융합'을 이루면서, 이전의 산업혁명과 비교할 수 없을 만큼 빠른 속도로 진화 중입니다. 뿐만 아니라 인공지능을 활용한 로봇, 드론, 3D프린팅, 자율자동차, 나노테크놀로지, 바이오테크놀로지 등 창의적인 기술로 탄생한 산물은 하루가 다르게 세상을 바꾸고 있습니다. 그리하여 더 이상 과거의 열쇠로 미래의 문을 열 수 없게 되었습니다. 또, 시대가 요구하는 인재상도 달라졌습니다. 사회 환경이 변하면 제일 먼저 그 사회가 필요로 하는 인재상이 바뀌기 때문입니다. 그로 인해 교육시장은 사회가 요구하는 인재를 양성하는 방향으로 흘러가고 있습니다. 그럼에도 불구하고 대한민국 교육은 산업화 시대에 통했던 인재를 기르는 방식에서 크게 벗어나지 못하고 있습니다.

교육부에서 야심 차게 2015년 개정교육과정을 공표하며 '바른 인성을 갖춘 창의융합 인재 육성'을 목표로 내세웠지만, 정작 교육 현장은 바뀌지 않았습니다. 산업화 시대의 교육을 받고, 그 교육을 바탕으로 한 인재로 성장한 학부모들이 자녀의 발목을 잡고 있기 때문입니다. 그렇다고 100% 부모의 잘못만은 아닙니다. 모든 부모는 알고 있는 범위에서 최선의 노력과 방식으로 자녀 교육에 지원하고 있습니다. 중요한 것은 미래의 문은 미래의 열쇠로만 열수 있다는 사실을 알아야 합니다. 또한 아는 것만큼 보이듯 방향이 잘못되면 치명적인 결과를 가져온다는 부분도 인지해야 합니다. 소중한 자녀가 4차 산업혁명 시대를 주도하는 미래형 창의융합 인재가 되길 원한다면, '꿈꾸고, 연결하고, 가치를 창출하는' 힘을 키워줘야 합니다.

덧붙이자면 첫 번째, 꿈꾸는 인재는 비전리더로 성장하는 단계입니다. 저는 지난 10년간 전국 3만여 명의 아이를 만나 〈비전로드맵 워크숍〉을 진행했습니다. 생생한 현장 경험을 통해 비전 역량을 키우고 비전리더로 성장하는 세부 방법론을 안내해드립니다.

두 번째는 꿈꾸고 연결하는 인재로 성장하는 단계입니다. 이 과정에서 창의융합 인재에게 반드시 필요한 연결지능을 체계적으로 키울 수 있는 노하우를 구체적으로 소개합니다.

세 번째는 꿈꾸고 연결한 가치를 창출함으로써 창의융합 역량을 키우고 입증하는 단계입니다. 개인별 맞춤형 로드맵을 활용하여 축적해온 창의융합 역량을 입증하고, 원하는 진학 목표를 이루는 데 직접적인 도움을 주는 중장기적 해법을 제시합니다.

꿈을 꾸라
연결하라
더 크고 원대한 꿈을 꾸라
하여, 새로운 가치를 창출하는 큰일을 이루라!

제가 추구하는 목표는 의미심장합니다. 이 책은 청소년이 미래창의융합 인재로 성장하도록 필요한 역량을 키우는 것을 사명으로 여기고, 20여 년간 교육 강연 전문가이자 진로 비전 전문가로 활동하며 보고, 듣고, 느끼고 직접 체험한 것의 결정체입니다. 이로써 자녀를 미래 핵심인재로 키우고 싶은 부모에게 그 방법을 세세하게 안내하고 제시합니다. 더불어 꿈꾸는 인재로 성장하려면 어떤 준비를 해야 하는지, 연결하는 능력과 초연결 지능은 어떻게 길러야 하는지, 누구와 연결하여 유대관계를 맺을 것인지 등의 궁금증을 해소하고자 했습니다.

　'등대는 먼 곳에서 잘 보이나 정작 가까이에서는 존재감도 없고 불빛도 잘 보이지 않는다.'라고 합니다. 저 역시 두 자녀를 모두 키우고 나서야 자녀를 미래 인재로 키우는 방법이 훤히 잘 보입니다. '만일 내가 다시 30대로 돌아가 자녀를 키운다면, 어떻게 미래 핵심인재로 성장하도록 도울 것인가?'에 대한 질문과 답을 멈추지 않고 써낸 이 책이 부디 많은 부모에게 선배로서 경험을 나눈 '자녀 교육 조언서'가 되길 희망합니다.

목차

제1장   사思고 치는 아이 만들기

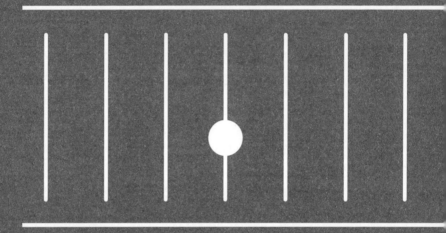

제1장

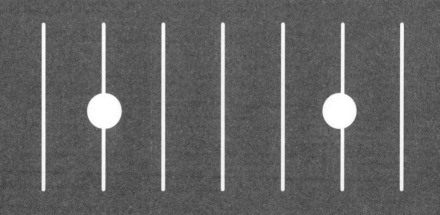

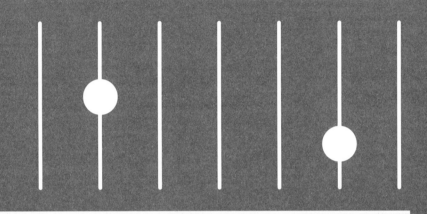

사思고 치는
아이 만들기

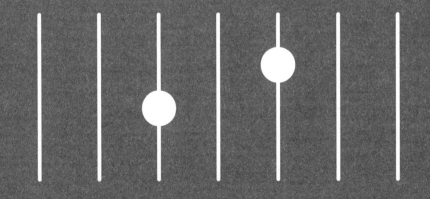

1

—

인재상의
변화를 알아야
길이 보인다

—

과거의 열쇠로 미래의 문을 열 수 없습니다. 여기서 질문 하나 드려봅니다.

사회가 교육을 지배할까요? 교육이 사회를 지배할까요?

정답은 '사회가 교육을 지배한다.'입니다. 사회 환경이 변하면 사회가 요구하는 인재상이 바뀝니다. 우리 사회는 '전기에너지 기반의 대량 생산 혁명'을 가져온 산업화 사회에서 '컴퓨터와 인터넷 기반 지식정보 혁명 사회'로 빠르게 진화했습니다. 그런데 여기서 멈추지 않았지요. 이미 우리가 살고 있는 사회는 IOT(사물인터넷), 인공지능, 빅데이터 기반의 '4차 산업혁명 사회'로 깊숙이 진입했어요. 그렇다면 산업화 사회와 4차 산업혁명 사회가 필요로 하는 인재는 같은 유형일까요? 아닙니다. 전혀 다를 수밖에 없어요. 우리 사회는 급변했습니다. 이에 따라 사회가 필요로 하는 인재상도 달라졌습니다. 교육 시장 역시 새로운 사회가 요구하는 인재를 기르는 방식으로 자연스럽게 변해가고 있습니다. 쉽게 설명하자면 사회가 고도로 숙련된 엔지니어를 많이 필요로 하면, 교육은 엔지니어를 배출하는 쪽으로 방향을 잡아갑니다.

산업 현장에서는 이러한 변화가 어떤 영향을 미쳤을까요? 삼성전자나 LG화학을 비롯한 다수의 한국 기업이 글로벌 기업으로 성장했습니다. 정말 자랑스러운 일입니다. 예를 하나 들어볼게요. 삼성전자가 글로벌 기업으로 성장하기 이전인 지금으로부터 20년 전, 삼성전자는 어떤 인재가 필요했을까요? 그 당시 삼성전자는 일본의 '소니'를 벤치마킹하고 있었습니다. 따라서 소니를 잘 모방해서 그들의 상품과 유사한 제품을 잘 만드는 인재가 필요했지요. 즉, 산업화 시대는 '지식을 기반으로 남의 것을 잘 모방하는 인재'가 핵심인재였습니다. 이로써 "산업화 시대 인재는 붕어빵 찍어내듯 양성할 수 있었다."는 웃지 못할 이야기가 생긴 거예요.

지금의 삼성전자로 돌아와 볼까요? 누군가를 벤치마킹하고 싶다면 그 대상을 찾고 싶겠지요. 하지만 아무리 주위를 살펴봐도 도저히 대상을 찾을 수 없습니다. 왜냐하면 삼성전자가 이미 글로벌 선두 기업이 되었기 때문이죠. 그렇다면 삼성전자와 LG화학을 포함한 21세기 글로벌 기업들은 어떤 인재가 필요할까요? 과거처럼 지식을 기반으로 다른 기업을 모방하는 데 능통한 산업화 시대 인재가 필요할까요? 아닙니다. '창의적인 아이디어로 새로운 가치를 창조하는 인재'가 필요합니다. 한 발 더 나이가 기존의 것과 새로운 것을 연결하고 융합할 수 있는 인재를 원합니다. 다시 말해 4차 산업혁명 시대는 창의융합 인재를 요구합니다. 공감하시나요?

이 시점에서 질문 하나 더 드려보겠습니다.

소중한 자녀, 미래 핵심인재로 키우고 싶으신가요?
그럼, 무엇을 가장 먼저 바꾸어야 할까요?

맞습니다. 예측했듯 교육이 우선순위입니다. 그렇다면 창의융합 인재로 키우려면 어떤 능력을 채워줘야 할까요?

첫째, 창의성입니다. 과거처럼 책상에 앉아 지식을 넓히는 공부를 한다고 창의성이 키워질까요? 그렇지 않습니다. 그보다 관심 분야에 대한 다양한 경험과 시행착오를 겪는 과정에서 창의성이 생깁니다. 즉, 머릿속으로 생각한 것을 직접 해보고, 실패하면 무엇이 잘못되었는지 생각하는 시간을 갖고, 거기에 또 다른 아이디어를 덧붙이면서 다시 시도하는 반복 과정이 있어야 창의성이 키워집니다.

둘째, 역량입니다. 이는 교육부에서 시대의 흐름에 발맞추어 제시해 주었습니다. 2015년 개정교육과정을 발표하면서 '바른 인성을 갖춘 창의 융합형 인재'를 지향한다고 했습니다. 동시에 창의 융합형 인재가 갖추어야 할 6대 핵심 역량으로 의사소통 역량, 공동체 역량, 심미적 감성 역량, 창의적 사고 역량, 지식정보처리 역량, 자기관리 역량을 제시했고요. 쉽게 말하면 역량은 '머리로만 아는 지식이 아니라 몸으로 익히는 지식'입니다. 자전거 타는 법을 배우는 것과 비슷해요. 이론으로 아는 것이 아니라 실제 자전거를 타기 위해 넘어지고 깨지면서 몸으로 익히는 것입니다. 그렇게 배운 것은 시간이 흘러도 잊어버리지 않아 언제든 꺼내 활용할 수 있지요.

셋째, 협업 능력입니다. 예를 들어볼게요. 제가 기업주라고 가정하고, 새해 1월 1일 전 직원 앞에서 신년맞이 연설을 합니다. "여러분, 우리는 초일류 경쟁 사회에서 살고 있습니다. 고도의 경쟁 상황에서 승리하기 위해, 우리 직원 한 명 한 명이 경쟁력을 갖추어야 합니다. 따라서 회사 내 부서 간 협력은 있어서는 안 됩니다. 경쟁하세요. 동료 간에도 협력하지 말고, 경쟁에서 승리하세요."라고. 그런데 이렇게 말하는 기업주가 있을까요? 아마 없을 겁니다. 정상적인 CEO라면 "여러분, 우리는 초일류 경쟁 사회에서 살고 있습니다.

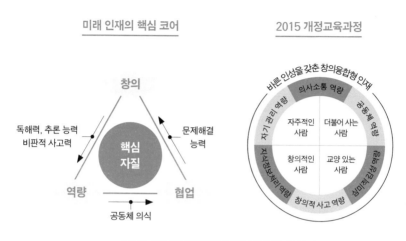

＊출처: 〈자녀를 창의융합 인재로 키워라〉 강연 자료

하지만 우리 회사는 경쟁보다는 협업하기를 원합니다. 부서 간, 직원 간의 협업이 필요한 때입니다. 동료가 힘들어하면 그들의 손을 잡아주고, 우리의 공동 목표를 달성하는 데 집중해 주세요."라고 하겠지요. 그만큼 이 시대는 협업하는 인재를 필요로 합니다.

아는 만큼 보입니다. 산업화 시대에 인재 교육을 받은 부모들이 알고 있는 방식으로 자녀 교육을 한다면 어떤 결과로 이어질까요? 이 사회가 요구하는 핵심인재가 아닌, 언제라도 대체 할 수 있는 산업화 시대 인재로 성장합니다.

인재상의 변화에 발맞추어 교육이 변화해야 합니다. 인재상의 변화를 알면 길이 보입니다. 꼭 기억하십시오. 과거의 열쇠로는 미래의 문을 절대로 열지 못합니다.

2

세계 1위
교육열을
적극 활용하라

—

500개 좌석이 빈자리 한 곳 없이 꽉 찼습니다. 강연장에 모인 사람 수만큼 열기도 뜨거웠고요. 3년 전, 전국 대도시 20개 지역을 순회하며 진행한 교육강연회 상황입니다. 물론 제가 선정한 강연 주제가 핫하기도 했습니다. 〈특목고, 그래서 어쩌라고?〉였으니까요. 특히 상위권 중학생 자녀를 둔 부모님들 관심이 대단했습니다. 강연 시작 전, 저는 버릇처럼 자녀의 학년을 조사하곤 합니다. 가능하면 참석자에게 알맞은 정보와 노하우를 하나라도 더 알려드리기 위함입니다. 놀라운 것은 초등학생 자녀를 둔 부모님이 약 30%, 6~7살의 미취학 자녀를 둔 부모님이 약 5% 된다는 사실입니다. 그럼 저는 강연에 참석한 이유를 묻습니다. "아직 자녀가 어린데 왜 이 강연을 듣나요?"라고요. 그러면 오히려 제 질문이 잘못되기라도 한 듯한 표정으로 "지금부터 엄마가 제대로 알고 준비해야 하는 거 아닌가요?"라고 반문합니다. 이처럼 자녀에 대한 우리나라 교육열은 하늘 높은 줄 모릅니다.

제 부모님을 떠올려보면 분명 교육에 있어서는 방목형이었습니다. 하지만 단 하나, 잊을 수 없는 진한 기억이 있습니다. 고등학교 3학년 대입시험을 치르러 가는 날 아침, 저를 조용히 부르신 어머니는 느닷없이 "아들아, 이거 몸에 지니고 가거라." 하시며 제 셔츠 안에 무언가를 넣으셨어요. 놀란 저는 "이게 뭐예요?" 하고 물었죠. 그랬더니 어머니는 "아무 소리 하지 말고 이거 몸에 지니고 가서 시험 봐. 그래야 좋은 대학에 갈 수 있어. 엄마가 너를 위해 큰누나 첫째 아이 배냇저고리 지금까지 간직해 온 거야."라고 하셨습니다. 어머니는 교회를 다니는 크리스천이셨지만, 아들의 앞날을 위해서라면 미신도 믿을 만큼 간절했던 것 같아요. 평생을 기독교인으로 살아오셨지만 아들을 위해서라면 종교적 신념은 중요하지 않았나 봅니다.

지금의 상황이었다면, 어머니의 마음을 충분히 헤아려 어머니가 시키는 대로 따랐을 것입니다. 그런데 당시 철없는 아들은 이해심이 부족해 "하루도 빠짐없이 새벽 4시에 일어나 힘들게 교회 가셨잖아요. 늘 저를 위해 새벽기도 하셨잖아요. 이렇게 미신에 의존하고, 교회 가서 또 기도하면 하나님이 헷갈리지 않으실까요?"라고 했습니다. 돌이켜 생각하면 후회됩니다. 혹시 아나요? 어머니 말씀 대로 했다면 시험 잘 봐서 좀 더 좋은 대학에 갔을 지도요. 그런데 이런 마음이 제 어머니에게만 있었을까요? 정도와 방식은 다르지만 부모 마음은 다 같을 겁니다.

이처럼 과거부터 대한민국 교육열은 남달랐어요. 괜히 '세계 1위 교육열'이라는 수식어가 붙는 것이 아닙니다. 해외 방송에서도 종종 소개할 정도니까요. 그리고 방송에서는 대한민국 학생의 세계 최고 수준 대학 진학률을 이야기합니다. 그에 더해 한국인의 높은 교육열이 만들어낸 성과를 집중 조명하지요. 특히 2018년에는 OECD에서 발표한 '국제 학업성취도 평가PISA'에 따르면, 한국 아이들은 OECD 37개국 가운데 읽기 5위, 수학 2위, 과학 4위 등 전 부문에서 고루 우수한 성적을 거뒀다고 합니다. 물론 한국인의 교육열에 대한 밝은 면만 언급하는 것은 아니에요. 이런 우수한 결과가 한국의 우수한 교육시스템 덕분인지, 시험 대비 위주 교육 때문인지 한국 사회 내에서도 의견이 분분하다고 전합니다. 또한, 초·중·고를 막론한 사교육 추세도 어김없이 등장합니다.

이뿐만 아닙니다. 외국인의 눈에는 낯선 상황이 또 있습니다. 가령, 매년 11월 셋째 주 목요일 오후 1시 5분부터 40분간 비행기 이착륙이 전면 금지되는 것입니다. 경찰차도 사이렌을 울릴 수 없고요. 우리는 이것이 대입 수학능력시험의 영어 듣기 평가 때문이라는 것을 잘 알지만, 외국인에게는 생소하기만 합니다. 게다가 시험 전 100일 동안 부모가 기도하고, 시험 당일 출·퇴근뿐만 아니라 증시 개장 시간까지 변경되는 것이 신기한 것이죠.

이쯤 되면 한국인의 세계 1위 교육열은 한국인인 우리도 인정합니다. 그런데 늘 궁금했어요. 이렇게 뜨거운 한국인의 교육열은 과연 어디서 오는 것일까? 우리 조상으로부터 물려받은 유산이라 생각하는데, 공감하시나요? 오주석 저자의 『한국의 미』와 임마누엘 페스트라이쉬 저자의 『한국인만 모르는 다른 대한민국』을 통해 근거를 제시해 보겠습니다.

'병인양요' 아시죠? 구한말에 프랑스 함대가 우리나라를 침략한 역사적 사건입니다. 한 무리의 프랑스군이 강화도에 상륙해요. 그리고 한 마을의 다 쓰러져가는 초가집에 들이닥치는데, 사람은 없고 방 한구석에 작은 책상만 보입니다. 거기에는 누군가 읽고 있던 서책만 덩그러니 있었고요. 이를 목격한 한 병사가 프랑스 정부에 "조선이라는 나라는 대단한 문화 강국입니다. 다 쓰러져가는 가난한 환경에서도 배움을 게을리하지 않는 무서운 민족입니다. 제 두 눈으로 똑똑히 확인했습니다."라고 보고하죠. 그 후, 어떤 일이 벌어졌을까요? 프랑스군은 무수한 우리의 국보급 문화재를 약탈합니다. 그리고 지금까지 반환받지 못하고 있지요. 슬픈 역사입니다. 또 이 아픈 역사적 사실을 통해 깨닫게 되죠. '더는 내 자식들에게 내 신분을 물려주지 말자. 나보다 더 좋은 신분과 환경에서 더 좋은 대우를 받는 세상에서 살게 해주자.'고요. 이로써 우리 선조들은 수천 년 전부터 교육에서 해법을 찾습니다. 그렇게 세대를 거치면서 생각이 신념이 되고, 신념이 하나의 사상이 되었다고 믿습니다.

　세계 1위 한국인의 교육열의 뿌리는, 우리 선조로부터 물려받은 '선비 사상'입니다. 저는 이 선비 사상이 『한국의 미』와 『한국인만 모르는 다른 대한민국』을 읽으면서 한민족의 유전자 속 깊이 자리하고 있다는 확신이 들었고요.

　물론 한국인의 교육열에 대해 긍정적인 평가와 부정적인 평가가 공존합니다. 그러함에도 분명한 것은 우리나라가 세계 10위권 경제 강국으로 성장한 핵심 비결 중심에, 한국인의 교육열이 있다는 사실은 부인할 수 없습니다. 단 한 가지 아쉬운 점이 있다면, 한국의 교육이 시대에 맞추어 진화하지 못하고 있는 점입니다. 그렇다면 한국의 교육, 어떻게 진화해야 할까요?

　우선 부정 요소를 줄이고 긍정적인 면을 살리는 방향으로 나아가야 합니다. 그리고 세계 1위 교육열을 산업화 시대 인재로 키우는 데 활용하는 것이 아니라 미래형 창의융합 인재로 키우는 방향으로 전환해야 합니다. 분명 이 문제에 대해 의미 있는 고민이 필요하겠지요. 부디 한국인의 높은 교육열이 이 문제를 해결하는 열쇠가 되길 희망합니다.

3

—

한국의 교육열,
5도만
바꿀 수 있다면

—

"한국 학생들은 미래에 필요하지 않은 지식과 존재하지 않을 직업을
위해 매일 15시간씩 낭비하고 있다."

미래학자 앨빈 토플러가 지난 2008년, 한국 교육을 두고 경고
한 메시지입니다. 이는 한국 교육이 그만큼 방향을 잘못 잡고 있다
는 뜻입니다. 단순한 지식과 정보를 아이들 두뇌에 쉴 틈 없이 입력
하고, 그 안에서 정해진 답을 찾는 학습 방식은 더 이상 필요하지
않아요. 왜냐하면, 인공지능이 가진 기억장치가 인간의 암기력을
능가하기 때문이죠. 정답을 찾아 문제를 해결하는 능력 또한 인간
보다 훨씬 월등합니다. 이제 더는 우리 사회는 산업화 시대가 아닙

니다. 하지만 산업화 시대 마인드를 가진 학부모가 여전히 너무 많아요. 이로써 학부모들은 자녀의 학업 진도를 걱정하며, 미래에 필요하지 않은 지식을 암기하는 학습을 계속 권하고 이어가고 있습니다. 나아가 자녀들을 문제 풀이 기계로 만드는 잘못을 범하고 있죠. 그러므로 이 시점에서 발상의 전환을 하지 않으면 엄청난 비극이 일어날 수 있어요. 바로 부모인 내가 내 아이를 미래로 나아가지 못하게 발목을 잡고 늘어지는 방해물이 되는 것입니다. 과거의 열쇠로는 미래의 문을 열 수 없음을 분명히 깨달아야 합니다. 4차 산업혁명이 이끄는 인공지능 시대, 우리 아이들이 갖춰야 할 역량이 무엇인지 생각해 행동으로 옮겨야 할 때입니다.

여기서 질문을 하고 싶을 겁니다. "그래서 어쩌라는 거죠?" 네, 맞아요. 제가 하고 싶은 말이 무엇인지 궁금할 겁니다. 앞서도 이야기했듯 세계 1등 교육열을 이미 지나간 산업화 시대의 인재를 양성하는 데 적용하는 것이 아니라, 미래형 인재를 기르는 쪽으로 좌표를 이동해야 한다는 것이 핵심입니다. 그러니 더도 말고 덜도 말고 딱 5도만 바꿔보시길 바랍니다. 그러면 우리 아이들의 미래는 180도로 달라질 수 있어요. 지금부터 5도의 변화로 내 아이의 미래가 어떻게 바뀔지 3가지 측면으로 바라본 생각을 공유해 보겠습니다.

첫째, 속도가 아닌 방향성이 중요합니다. 과거에는 다양한 지식정보를 통해 정답을 찾아 문제를 해결하는 능력이 중요했어요.

이로써 선행학습을 충분히 한 아이들이 월등히 유리했지요. 맹목적 선행학습이 유행한 이유입니다. 지금도 교육 특구 학원가에서는 3년 선행을 하는 아이들을 어렵지 않게 만날 수 있어요. 하지만 이제는 무분별한 선행학습은 오히려 독이 됩니다. 산업화 시대처럼 붕어빵 찍어내듯이 미래 인재를 키울 수 없기 때문이죠. 다수의 아이를 위한 교육에서 한 아이를 위한 교육으로, 획일성을 탈피하고 다양성을 포용하는 교육으로 전환해야 합니다. 교사 중심 수업에서 학생 중심 수업으로, 지식 중심이 아닌 역량 중심으로 방향을 옮겨야 합니다. 단순한 지식 전달이 아닌 생각하는 수업으로, 단순 암기가 아닌 토론하고 참여하는 능동적 체험적 수업으로의 전환이 필요해요. 그러려면 결과보다 과정 중심의 평가 방식과, 자기평가나 동료평가 등 학습 성장 과정을 평가하는 방식을 택해야 합니다. 이미 공교육에서도 상당 부분 변화했습니다.

교육부가 미래 전략적 방향을 제대로 잘 세웠어요. '2015 개정교육과정'과 '2022 개정교육과정' 취지를 살펴보면 알 수 있습니다. '바른 인성을 갖춘 창의융합 인재를 육성하고, 배움이 즐겁고 아이들이 행복한 교육'을 지향하고 있어요. 이쯤 되면 왜 문·이과를 통합해야 하는지 공감하실 겁니다. 바로, 창의융합 인재를 양성하기 위함입니다. 교육부가 잡은 방향이 아무리 봐도 너무 훌륭합니다. 이제 우리 부모님의 변화가 절실히 필요합니다. 속도가 아니라 방향성이 우선이에요. 방향성을 올바로 설정하지 못하면 아무리 열심히 노력해도 목표를 이룰 수 없기 때문입니다.

4차 산업혁명 시대, 미래 인재를 어떻게 양성할 것인가?

구분	산업화 시대 인재 양성 방식	미래형 창의융합 인재 양성 방식
방향성	보통 아이를 위한 교육 획일성(탈피해야 할 요소)	한 아이를 위한 교육 다양성(포용해야 할 요소)
수업 방식	교사 중심 지식 중심 단순한 지식 전달 암기 중심	학생 중심 역량 중심 생각하는 수업 토론하고 참여하는 능동적 체험적 수업 중심
평가 방식	결과 중심	과정 중심(자기 평가&동료 평가) : 학습 성장 과정을 평가하는 방식
2015 개정교육과정 인재상 바른 인성을 갖춘 창의융합 인재를 육성하고 배움이 즐겁고 아이들이 행복한 교육		

둘째, 자녀의 진로 탐색에 대한 생각과 방법을 조금만 바꿔보시길 바랍니다.

"저는 교사가 될 거예요." 〈비전로드맵 워크숍〉에서 만난 초등학교 5학년 성미가 장래 희망을 묻는 말에 당당하게 대답했어요. 다음은 성미와 제가 나눈 대화 일부입니다.

한 소장: 왜 교사가 되고 싶은 거야?
성미: 안정적인 직업이잖아요.
한 소장: 혹시 부모님 직업이 선생님이시니?
성미: 아니요. 교육행정 공무원이에요.

한 소장: 그럼, 교사가 되고 싶은 건 너의 생각이야? 아니면 부모님
        생각이야?
성미: 제 생각도 일부 있지만, 엄마가 교사가 되래요.

매년 한국직업능력개발원에서 초·중·고등학생 대상으로 희망 직업 순위를 조사해 발표합니다. 조사 결과를 보면 항상 교사, 의사가 상위 목록에 위치합니다. 그런데 2018년 이후 초등학생들의 희망 직업 순위에서 눈여겨볼 만한 변화가 생겼습니다. 유튜브 크리에이터, 프로게이머, 운동선수 등의 순위가 급부상한 것입니다. 그렇다면 초등학생과 중학생들은 주로 어떤 방식으로 진로 탐색을 하는 걸까요? 제일 영향을 많이 미치는 대상은 부모님과 방송 매체입니다. 너무 당연합니다.

그런데 아직도 많은 부모님이 시행착오를 반복합니다. 자녀의 진로에 대한 충분한 사전 소통 과정도 거치지 않고 "너 뭐가 되고 싶어?"라고 결과물output만 묻는 것입니다. 아이가 자기의 진로에 대해 깊은 생각을 해볼 수 있는 경험이 필요해요. 지속적인 부모의 관심과 소통, 지원이 중요합니다. 가장 좋은 경험은 다양한 진로 체험이나 깊이 있는 독서입니다. 그중 가장 이상적인 방법은 독서를 통해 진로 탐색을 돕는 것입니다. 독서를 통한 진로 탐색을 도와주십시오.

2020 초·중·고 희망 직업 순위

구분	초등학생	중학생	고등학생
1위	운동선수	교사	교사
2위	의사	의사	간호사
3위	교사	경찰관	생명·자연과학자 및 연구원
4위	크리에이터	군인	군인
5위	프로게이머	운동선수	의사

＊출처: 교육부, 한국직업능력개발원(2020년 초·중·고 3,223명 대상 조사)

먼저 자녀의 관심사를 찾아주세요. 아이가 무엇을 할 때 제일 재미있어하는지 흥미도를 파악한 후, 관련된 책을 아이와 함께 선택하세요. 그리고 독서라는 간접 경험을 통해 3가지를 찾도록 도와주시길 바랍니다.

첫째, 자신의 인생을 이끌어갈 가치를 찾는다.
둘째, 자신이 발견한 가치에 꿈을 품는다.
셋째, 책 속에서 자신만의 롤모델을 찾는다.

항상 이 3가지 질문을 하면서 책을 접하도록 도와주세요. '가랑비에 옷 젖는 줄 모른다.'는 속담 아시죠? 이런 과정을 1년, 2년 그 이상 꾸준히 거친 아이는 자기만의 철학과 콘텐츠를 가진 아이로 성장합니다.

　셋째, 창업의 시대, 창작의 시대를 대비하는 방향으로 좌표를 이동해야 합니다. 취업만이 아닌 창업하는 아이로 만드십시오. 드라마 좋아하시나요? 특별히 많은 대중에게 사랑받고 흥행한 작품은 시대의 트렌드를 잘 반영하는 작품입니다. 그런 의미에서 최근에 방영한 〈스타트업〉과 〈이태원 클라쓰〉는 좋은 예입니다. 이제 우리 사회는 노동시장의 키워드가 '취업'에서 '창업'과 '창작'으로 전환되고 있어요. 한국 경제가 선정한 '차세대 CEO 탑 10' 중, 주의 깊게 눈여겨볼 대상이 있어요. '카카오' 김범수 대표, '우아한 형제들' 김봉진 대표, '네이버 GIO' 이해진 대표. 모두 스타트업 기업을 성공적으로 이끈 주역입니다.

　여기서 "소수의 성공을 근거로 아이들을 창업가로 키우라는 것은 너무 큰 모험 아닌가요?"라는 의문이 생길 수도 있습니다. 그렇다면 우리나라 스타트업 생태계의 건강한 발전을 목적으로 하는 '스타트업얼라이언스'에서 실시한 조사 결과를 살펴볼까요? 2020년 3월 기준으로 100억 원 이상 투자받은 스타트업 기업 수가 210개로 집계됩니다. 이 사실만 봐도, 취업 시대에서 창업 시대로의 전환은 거스르지 못하는 흐름이 된 듯합니다. 따라서 자녀가 미래로 가는 문을 좀 더 활짝 열어놓고, 시야를 확장해 볼 것을 권합니다.

　한국인의 세계 1등 교육열을 바람직한 방향으로 각도 5도만 변경할 수 있다면, 분명히 새로운 길을 만날 수 있습니다. 위에 언급한 세 가지 관점에서 5도만 움직여 보세요. 미래 인재로 성장하려면 교육의 방향 좌표부터 이동해야 합니다. 그리고 자녀의 진로 탐색법도 수정해보세요. 마지막으로 창업의 시대, 창직의 시대에 대비한 고민도 함께해주세요. 세계 1등 교육열이 우리 아이들의 미래를 밝힐 수 있길 희망해봅니다.

4
—

부모의 고민 속에 교육 트렌드가 들어있다

—

▶ 꿈? 많았죠. 하고 싶어 하는 것도 많았고요.

▶ 꿈 많던 내 아이, 어디론가 사라지고 없어요.

▶ 이제는 의지도, 목표도 없는 아이가 되었네요.

▶ 도대체 어디서부터 무엇이 잘못된 걸까요?

▶ 이젠 어떻게 도와줘야 할지 모르겠어요.

강연 현장에서 자주 듣는 이야기입니다. 사춘기에 접어든 자녀 문제와 관련한 고민이 압도적으로 많습니다. 세월의 흐름에 따라, 사춘기를 겪는 아이들의 나이가 과거보다 빨라지고, 길어지는 듯합니다. 빠르면 초등학교 4학년부터 시작해, 늦으면 고등학교 2

학년까지 이어진다고 하니까요. 이 시기 아이들에게 나타나는 문제
점 3종 세트가 있습니다.

첫째, 꿈이 없습니다. 초등학교 저학년 시기에 갖고 있던 꿈마
저 희미해집니다. 꿈이 없으니 당연히 목표도 없어요. 따라서 왜 공
부해야 하는지 이유조차 찾을 수 없는 거예요. 상당수의 부모가 이
시기 자녀의 모습에서 무기력증을 발견하고, 해결책을 찾기 위해
고민합니다. 여러 아이를 만나면서 이 시기 아이들의 유형을 정리
해 보았습니다. 중요한 것은 각 유형에 따라 조언의 접근 방식이 달
라야 한다는 점입니다. 자녀가 어떤 유형에 속하는지 자녀 입장이
되어서 점검해 보세요.

둘째, 창의성이 없습니다. "창의융합 인재로 아이를 키워야 한
다는 말에 공감합니다. 그런데 창의성을 길러주는 방법을 모르겠어
요." 주로 초등학생 부모들이 많이 하는 고민입니다. 이 문제를 해
결하려면 먼저 생각을 정리해야 합니다. 창의력이 왜 중요할까요?
산업화 시대 인재는 정답이 정해져 있는 문제를 해결해야 했습니
다. 그러니 창의력이 필수조건은 아니었지요. 그러나 지금 시대는
정답만을 요구하지 않습니다. 정답이 정해져 있지 않은 문제를 해
결하려면 창의적인 사고가 요구되지요. 그렇다면 창의력은 어떻게
키울 수 있을까요?

꿈과 비전에 대한 자녀 유형 점검표

여러분 자녀는 다음 질문 중 어느 유형에 해당하나요?	확인
① 꿈과 비전이 없어요. 그래서 답답하고 괴로워요.	
② 꿈과 비전이 없어요. 하지만 언젠가 생길 거예요. 걱정은 안 해요.	
③ 꿈과 비전을 갖고 싶어요. 하지만 어떻게 해야 할지 방법을 몰라요.	
④ 꿈과 비전은 있어요. 그런데 희미해요.	
⑤ 꿈과 비전이 있어요. 그런데 친구들의 꿈과 목표를 따라가는 거예요.	
⑥ 지금 꿈과 비전이 있어요. 하지만 바뀔 거예요. 계속 그래 왔어요.	
⑦ 꿈과 비전이 명백해요. 그리고 열심히 노력하고 있어요. 그런데 성과가 없어요.	
⑧ 지금 당장의 꿈과 비전은 있어요. 그런데 미래 인생에 대한 꿈과 목표는 없어요.	
⑨ 인생 비전과 목표는 있어요. 그런데 당장은 무엇을 해야 할지 모르겠어요.	
⑩ 인생 전반의 비전과 목표가 있어요. 당장 해야 할 일도 알아요. 그런데 실천이 안 돼요.	

이 시대 대표적인 창의융합 인재 스티브 잡스는 "창의력은 연결하는 것Creativity is connecting things"에 가깝다고 합니다. 다시 말하면 연관성이 없는 것을 연결해서 새로운 것을 만들어내는 능력입니다. 그래서 창의성이 뛰어난 사람들의 공통점은 남들보다 뛰어난 '연결지능'을 가지고 있어요. 여기서 연결지능은 어떻게 키워야 하는지에 대한 궁금증이 생깁니다. 이 질문이 '창의성을 어떻게 키워야 하는가?'라는 질문과 일맥상통합니다.

새롭고 독창적인 산출물을 만드는 역량은 다양한 경험을 통해 얻을 수 있어요. 그래서 많은 전문가가 여행과 독서를 추천합니다. 저는 이 두 가지 중, 독서에 초점을 두고 솔루션을 제공하려 합니다.

최근 부모님들이 가진 신선한 고민 하나 더 소개해볼게요. "대한민국 아이들 협업 능력이 OECD 37개 국가 중 35위로 최하위권이라는데, 맞는 이야기인가요? 그럼, 우리 아이를 세계적 리더로 키우려면 협업 능력을 키워줘야 할 텐데, 어떻게 해야 하나요?" 제가 책을 보다가 접한 내용입니다.

참 좋은 질문입니다. 여기서 먼저 생각해볼 것은 '왜 우리 아이들은 협업 역량이 부족할까?'입니다. 그렇습니다. 다른 역량은 우수한데, 다른 나라 아이들보다 협업 역량이 왜 유독 부족할까요? 그 이유는 우리나라 교육 환경과 관련 있습니다. 특히 '평가 방식'에서 이 문제에 대한 단서를 찾을 수 있어요. 우리 아이들은 어려서부터 등수를 매기고, 등급을 나누는 평가에 익숙해져 있죠. 등수와 등급으로 서열을 가리는 상대평가 환경에서 친구는 언제나 협업의 대상이 아닌 경쟁의 대상이었습니다.

자, 한 가지 예시를 들어보겠습니다. 설 또는 추석 명절에 고향에서 만난 조카들에게 어떤 질문을 하시나요? 습관처럼 "너 전교에서 몇 등 하니?" 아니면 "반에서 몇 등 하니?"와 같은 질문을 하지 않으시나요? 내가 하지 않더라도, 나의 학창 시절에 들어본 경험이 있으리라 생각합니다. 이처럼 지금까지 우리 교육은 객관적인 잣대를 바탕으로 줄을 세워, 등급을 매기고 등수를 나누는 상대평가를 해왔습니다.

　하나 더 이야기해 보겠습니다. 내 아이가 중학생인데 전교 2등을 도맡아 하고 있습니다. 전교 1등은 늘 그 자리를 굳건히 지키고 있는 친구가 따로 있어요. 그래서 내 아이는 매번 그 아이를 성적으로 이겨보려고 온갖 노력을 다해보지만, 한 번도 등수를 뒤집는 데 성공하지 못했어요. 그래서 늘 스트레스를 받습니다. 그런데 지난주 그 아이 할아버지가 돌아가셔서 일주일 내내 결석했어요. 내 아이는 평상시 공부하는 모습을 보면, 학교 수업 시작 전에 예습을 합니다. 자기만의 노트를 만들고, 수업을 마치면 추가로 요약 노트를 작성해요. 거기서 끝나는 것이 아니라 동영상 강의도 듣고, 참고서를 활용해 완벽하게 요약정리를 해요. 부모인 내가 봐도 시중 참고서보다 훨씬 핵심정리를 잘합니다. 이런 아이와 주말에 대화를 나눕니다. "아들아, 전교 1등 하는 성진이 말이야. 지난주 일주일이나 학교에 못 나와서 학습에 지장이 크겠다. 그래서 말인데, 네가 정리한 과목별 노트 일주일 분량 모두 복사해서 그 친구에게 선물하면 어떨까? 그리고 같이 공부하면 좋을 것 같은데. 어때?"라고요.
　과연 대한민국에 이렇게 조언하는 부모가 있을까요? 아쉽게도 없답니다. 왜냐하면 그 친구를 이기고 앞서가야 내 아이가 경쟁에서 승리하기 때문이지요. 이는 초등학교부터 만들어지는 분위기입니다. 이런 환경에서 자란 아이들에게 친구는 협업의 대상일까요? 아니면 경쟁 대상일까요?

사실 100명의 아이를 각자의 관심 분야에서 경쟁력을 키우면 모두가 1등을 할 수 있습니다. 그런데도 한 가지 기준으로 등수를 매기고 등급을 나누니, 1등이 생기고 꼴등이 나오는 겁니다. 상대평가가 주는 안타까움입니다. 하지만 시대의 흐름에 따라 이제 우리 사회와 기업도 '협업하는 인재'를 요구하고 있습니다. 그런데 정작 상대평가에 물들어 있는 우리 아이들은 경쟁 역량은 뛰어나지만 협업 역량은 기르지 못했습니다. 우리 교육이 채택한 평가 방식이 미래 사회를 이끌어갈 아이들에게 큰 장애 요소가 된 것이지요. 이로써 최근 교육제도가 왜 요동치고 있는지, 급격히 변화하고 있는지 이해가 될 겁니다. 이제 더는 하나의 기준으로 등수를 매기고, 등급을 매기는 것으로는 협업 능력을 키울 수 없다는 사실을 받아들이게 될 것입니다. 더불어 상대평가는 국가 경쟁력에도 치명적인 문제가 발생한다는 것을 인지해야 합니다. 다행히 우리나라 평가제도가 상대평가에서 일정한 수준에 도달하면, 그 기준에 해당하는 점수를 부여하는 '절대평가'로 전환하고 있습니다. 이는 교육부가 교육 방향성을 올바르게 설정한 데서 온 영향입니다.

사회가 변화하면서 부모가 기진 고민도 상당 부분 달라졌어요. 앞에서 소개한 고민은 주로 강연 현장에서 보고 들은 이야기입니다. 발품을 팔아 강연에 참석한 부모님은 대체로 교육열이 높은 분들입니다. 그로 인해 고민의 수준도 최신 트렌드를 반영하고 있음을 느낄 수 있지요. 그 고민 속에는 미래 사회가 요구하는 인재로 키우기 위해 갖추어야 할 자질과 역량에 대한 내용이 가득합니다. 요약하자면 아래와 같습니다.

> ▶ 꿈과 비전이 없거나 사라진 자녀에게 어떻게 도움을 주어야 하나?
> ▶ 창의성을 키우는 핵심요소, 연결지능은 어떻게 키워줄 수 있을까?
> ▶ 리더에게 필요한 협업 능력은 어떻게 해결할까?

이 모든 고민에 대한 근본적인 해결책은 단기 처방이 아닌 중장기적인 전략이 필요합니다. 제가 현장에서 치열하게 고민한 경험을 근거로, 솔루션을 하나씩 제안해볼까 합니다.

5

—

부모가 1% 비전을 가지면, 자녀는 90% 비전리더로 성장한다

—

4차 산업혁명 시대 창의융합 인재는

꿈꾸고

연결하고

가치를 창출하는 인재입니다.

창의융합 인재의 시발점은 '꿈꾸는 인재'입니다. 꿈과 비전을 설정하는 것이 우선이라는 의미입니다. 흔히 '부모는 자녀의 거울이다.'라는 말을 합니다. 이 관점에서 자녀를 창의융합 인재로 키우고 싶다면, 부모가 먼저 명백한 비전을 가져야 합니다. 왜냐하면 부모가 1% 비전을 가지면, 자녀는 90% 비전리더로 성장하기 때문입니다.

저는 '대한민국 대표 비전 디자이너'라는 브랜드로 활동 중입니다. 더불어 〈자녀를 비전리더로 키워라〉라는 주제로 강연을 자주 합니다. 이 주제로 강연할 때마다 비슷한 질문이나 요청을 받습니다. "이 강연은 우리 아이들과 함께 들어야 할 내용이네요. 우리 아이들에게도 이 강연을 해주실 수 있나요?"라고요. 그것이 계기가 되어 실제로 아이들을 대상으로 한 강연으로 이어지기도 합니다. 또 강연 요청이 들어오면 자녀와 함께하는 것이 좋다는 말도 잊지 않고요.

모든 부모가 자녀가 가슴 설레는 꿈과 비전을 갖길 바랄 겁니다. 그런데 그보다 더 중요한 것이 자녀보다 부모가 먼저 비전을 갖는 일입니다. 왜냐하면 비전을 가진 엄마아빠 밑에서 비전리더가 나옵니다. 자녀가 어렸을 때부터 영향을 가장 많이 받는 대상이 부모입니다. 부모님 중 한 명만 꼽으라면 단연 어머니입니다. 이에 저는 '어떻게 하면 이 땅의 많은 엄마가 비전을 가질 수 있을까?'에 대한 고민을 무수히 많이 했습니다. 그 결과, 탄생한 것이 〈비전맘 페스티벌〉입니다.

저는 〈비전맘 페스티벌〉 강연을 시작할 때마다 하는 이야기가 있습니다. "오늘 어떤 목적을 갖고 강연에 참석하셨나요? 만일 '우리 아이 비전 세워주는 법 배워가야지.'라는 생각으로 오셨다면 잘못 오셨습니다. 오늘은 온전히 어머니만의 비전을 설정하는 날이거든요. 그러니 지금부터 누구 엄마, 누구의 아내라는 타이틀은 다 떼어서 내려놓으세요. 비전의 주체는 아이도 남편도 아닌, 어머니 자기여야 합니다. 어머니가 먼저 자기만의 비전을 설정하세요. 또 직접 설정한 꿈과 비전을 향해 뚜벅뚜벅 걸어가세요. 아이들이 그 모습을 보면 자기 스스로 비전을 세우고 변화하는 모습을 보일 겁니다. 자, 설레지 않으시나요? 지금부터 '행복한 고민으로 가득한 비전 여행' 출항합니다." 이렇게 관점을 전환하고 본격적인 프로그램을 진행합니다.

강의를 진행하다 보면 어머니들이 아이들 못지않은 멋진 비전을 설정하는 것을 볼 수 있습니다. 아이들보다 해맑은 미소를 짓기도 하고요. 마지막 단계에서는 직접 작성한 비전 메시지를 읽기도 하는데 얼마나 적극적인지 몰라요. 그중 인상적이었던 사례 하나 공유합니다.

저는 자녀 교육 디자이너로 지속적인 성장을 할 겁니다. 자녀 교육의 방향성을 찾지 못하는 이 땅의 수많은 엄마에게, 정보를 공유하고 소통하며 해결책을 찾도록 함께할 것입니다. 또한 꿈과 비전을 찾지 못하고 방황하는 청소년들을 위해 교회학교에서 꿈과 용기를 심어줌으로써, 그들의 꿈을 지원하고 응원할 것입니다. 이 분야의 전문가로 성

장해 왕성하게 활동하는 시기를 3년 후인 2021년을 목표로 설정하고, 2018년부터 작은 규모의 강연과 학부모 코칭을 진행할 것입니다. 올 해 말까지 비전 디자이너 전문과정을 포함한 여러 교육에 참여하고, 탄탄한 전문가로 성장하기 위한 나만의 준비에 매진하고자 합니다.

〈비전맘 페스티벌〉 참가자 발표 자료

1년 뒤, 이 발표를 한 어머니에게서 메일이 왔어요.

선생님, 잘 지내시죠?

1년 전 〈비전맘 페스티벌〉 과정에 참여했던 김선영입니다. 비전맘 과정은 제게 축복이었어요. 그때 세운 비전을 하나하나 실행해가고 있습니다. 무엇보다 우리 아이들이 좋아해요. 중학교 2학년인 딸아이가 엄마의 꿈을 응원한다고 하네요.

선생님께서 말씀하신 '엄마가 1% 비전을 가지면, 자녀가 90% 비전 리더가 된다.'는 이야기 믿고, 꿈을 하나하나 펼치고 있어요. 과정이 행복하니 결과도 행복합니다.

최근 교회학교에서도 아이들 대상으로 심리상담 재능봉사를 하고 있어요. 선생님께 배운 비전 설정 방법과 제가 공부한 심리상담을 활용해, 불안한 심리로 힘들어하는 아이들과 부모님들을 대상으로 진행하는 상담입니다. 반응도 좋고요. 유료로 진행하는 전문 상담보다 더 좋다는 말 들을 때마다 느끼는 보람은 이루 표현할 수 없을 만큼

벅차네요. 최근에는 입소문이 나서 인근 지역 복지센터에서 유료 강연 요청도 들어왔어요.

모든 게 신기한 요즘입니다. 저 앞으로도 잘할 수 있겠죠? 3년 후 제 이름을 걸고 청소년 심리센터 오픈하는 새로운 목표도 세웠어요. 이렇게 제가 저의 꿈을 향해 묵묵히 가다 보니, 남편도 아이들도 저의 든든한 지원군이 되어주어 행복합니다.

요즘도 〈비전맘 페스티벌〉 강연 자주 하시나요?

모쪼록 더 많은 어머니에게 비전을 전파해 주세요. 다시 좋은 소식 드릴게요.

감동이었습니다. 특히 '과정이 행복하니 결과 또한 행복합니다.'라는 말이 저를 기쁘게 했어요. 비전을 가지면 당연히 행복해집니다.

이제 정리해 보겠습니다. 왜 부모가 크고 명백한 꿈을 가져야 할까요? 꿈이 없는 부모 밑에서 원대한 꿈을 가진 비전리더가 나올 수 없기 때문이에요. 부모의 꿈이 좁쌀만 한데, 눈덩이만큼 창대한 꿈을 가진 아이는 잘 없거든요. 그래서 부모가 먼저 꿈을 가져야 합니다. 여러분은 어떤 비전을 가지고 있나요? 아직 구체적인 비전이 없다면, 멋진 비전을 설정해 보세요. 분명 행복한 고민의 시간이 될 것입니다. 뭐니 뭐니 해도 부모가 먼저입니다.

6

사思고 치는
인재를 위해
연결지능을 키워라

"컴퓨터 업계 종사자들에게 가장 부족한 지식은 컴퓨터에 대한 지식이
아니라, 다른 경험이다. 그들은 다른 경험이 없어서 연결시키지 못한다."

이 시대 최고의 창의융합 인재로 인정받는 스티브 잡스가 한
말이죠. 스티브 잡스는 에디슨처럼 이 세상에 없는 것을 발명한 사
람이 아닙니다. 휴대폰에 컴퓨터, 카메라, MP3를 연결함으로써 기
존에 존재하는 것을 연결해 새로운 가치를 만든 사람이지요. 그런데
도 마치 기존에 없는 사물을 발명한 사람처럼 평가받고 있습니다.

스티브 잡스라는 인물만 보더라도 공상이 공학이 되는 시대,
상상이 현실로 구현되는 세상임을 알 수 있습니다. 한마디로 사思

고 쳐야 미래 인재로 성장할 수 있습니다. 자녀를 사思고 치는 창의 융합 인재로 키우고 싶다면, 연결지능을 키워줘야 해요. 글로벌 기업을 이끄는 핵심인재들의 공통점만 살펴봐도 탁월한 연결지능 Connectional Intelligence : CxQ을 가지고 있다는 것을 알 수 있습니다.

'우버' 아시나요? 자동차 배차 웹사이트로 많은 사람이 활용하고 있지만, 사업용 자동차를 한 대도 소유하고 있지 않아요. 그런 우버는 택시보다 저렴한 비용으로 빈 차와 자동차를 필요로 하는 수요자를 연결해 주고 있습니다. '에어비앤비' 또한 호텔을 소유하고 있지 않아요. 그런데 빈집이나 빈방을 숙소가 필요로 하는 사람에게 연결해 주는 사업으로 세상을 놀라게 했어요. 온라인과 오프라인을 넘나들며 연결한 겁니다.

우리에게 조금 더 친근한 사례 하나 더 제시해볼게요. IT 거장 손정의 회장 아시죠? 재일 교포 3세예요. '소프트뱅크'라는 회사를 전 세계 굴지의 기업으로 발전시킨 혁신적인 기업가입니다. 손정의 회장의 연결지능은 청소년기의 경험과 후천적 노력으로 만들어진 결과물이라고 해요. 아주 독특한 훈련 방법으로 연결지능을 키웠습니다. 먼저 손정의 회장은 스스로 떠오르는 단어를 무작위로 암기 카드에 적었어요. 그렇게 적은 카드가 300장이 모이면, 그중 3장을 뽑습니다. 그 세 가지를 조합해서 새로운 상품을 만드는 일을 꾸준히 실행했다고 합니다. 한 예로 그가 뽑은 카드가 '자전거', '스마트폰', '선글라스'라고 한다면, 이 세 가지를 연결해 만들 수 있는 상품을 고민한 거예요. '자전거를 타면서 스마트폰 없이 선글라스를 끼면 음악을 들을 수 있는 것'과 같이 문장을 재구성함으로써, 발명품과 관련된 창의적인 아이디어를 정리하는 과정을 반복했다고 합니다. 이런 방법을 통해 '음성 장치가 달린 다국어 번역기'와 같은 발명품 원형을 만들었다고 해요. 그리고 그것을 샤프전자에 팔아 약 1억 엔이라는 큰돈을 벌었다고 합니다. 자, 연결지능의 영향력에 공감하시나요? 이처럼 연결지능이 뛰어난 사람들이 세상을 지배하고 있어요.

앞으로 국내 최고의 명문대학을 졸업해도, 아이비리그 대학을 나와도 연결지능이 없다면, 핵심인재가 되기 힘든 환경입니다. 우리 아이들은 다양한 사람, 사물, 장소를 서로 다른 것과 연결해서 새로운 비즈니스가 시작되는 이치를 배워야 합니다. 그리고 그 이치를 자기 것으로 만들어야 합니다.

많은 전문가가 어린 시기에 연결지능을 키우는 수단으로 여행과 독서를 추천합니다. 여행도 좋은 방법이에요. 하지만 단순히 여행만 한다고 연결지능이 커지는 것은 아닙니다. 공부하고 떠나는 여행이라야 합니다. 아이가 금융에 관심이 많다면 금융에 관한 공부를 한 후 홍콩, 뉴욕, 런던 등 금융이 발달한 도시를 여행하는 방식이라야 효과가 있습니다. 아이가 IT 계열에서 핵심인재가 되고 싶어 하면, 뉴욕-샌프란시스코-중국 심천-베이루트-판교를 연결한 공부를 한 후 여행할 것을 추천합니다. 이런 경험이 아이에게 새로운 시야를 열리게 해줍니다. 왜 전문가들이 연결지능을 키우는 방법으로 여행과 독서를 추천하는지 아시겠지요? 공부하고 떠나는 여행, 독서를 통한 공부가 연결지능을 키우는 데 가장 효율적인 수단이기 때문입니다.

자녀에게 다양한 연결이 가능한 경험을 만들어 주세요. 그 중심에 심층 독서와 공부하고 떠나는 여행이 있습니다. 단언컨대, 연결지능은 교과서 중심의 지식을 쌓는 산업화 시대 인재를 키우는 방식으로는 절대 키울 수 없어요. 더욱이 이제는 우리 사회도 창의적 사고를 겸비한 인재를 원하고 있습니다. 이제 우리 부모가 할 일은 우리 아이들의 두뇌가 발달하는 시기에 연결지능을 키워주는 것입니다. 지금이야말로 우리 자녀를 미래와 연결해주기 위해, 부모로서 무엇을 해야 할지 충분히 고민해야 하는 시점입니다.

7

—

꿈꾸고 연결하고 가치를 창출하는 아이로 키워라

—

최근 3년 전부터 학부모들이 자주 하는 질문에 새롭게 등장한 것이 있습니다. 바로 "아이들 교육에 동영상이 좋은가요? 아니면 독서가 좋은가요?"입니다. 왜 이런 질문을 하는 걸까요? 텍스트 시대에서 영상의 시대로 급격히 이동해 왔기 때문입니다. 우리 아이들이 영상 시대의 주역으로 살고 있다는 방증입니다.

KT 그룹 '디지털 미디어랩'이 실시한 조사 결과에 따르면 우리나라 10대 인터넷 이용자 10명 중 7명이 네이버나 구글이 아닌 유튜브를 검색 채널로 이용하고 있다고 합니다. 여러분은 무엇을 검색 채널로 이용하시나요? 이러한 흐름은 아이들의 모바일 영상을 이용하는 시간에서도 고스란히 드러납니다. 10대 아이들의 모바일 동영상 이용 시간은 하루 평균 123.5분이라고 해요. 전체 평균이 75.7분입니다. 대략 두 배의 시간을 더 이용하는 거예요. 이제 위에서 언급한 질문에 대한 답변을 해드리겠습니다.

"아이 교육은 독서와 영상을 상호보완적으로 활용하는 것이 필요합니다."

4차 산업혁명 시대를 이끌어갈 창의융합 인재는 꿈꾸고, 연결하고, 가치를 창출하는 역량을 가져야 한다고 말씀드렸습니다. 첫 단계가 꿈꾸는 인재로 만드는 겁니다. 그다음 연결지능을 키우는 것으로 확장하면 됩니다. 소중한 내 자녀를 꿈꾸고, 연결하고, 가치를 창출하는 미래형 핵심인재로 키우고 싶으시죠? 그렇다면 독서와 영상을 상호보완적으로 활용해서 역량을 키워주십시오.

현장에서 활용한 사례 하나 소개해 드려볼게요. 초등학교 6학년 아이 5명과 중학교 1학년 아이 5명, 총 10명의 아이를 대상으로 〈사고 치는 인재 만들기 프로젝트〉를 진행한 적이 있습니다. 첫 단계에서 하루 8시간 동안 꿈과 비전을 설정하는 〈비전로드맵 워크숍〉을 진행했어요. 꿈꾸는 아이가 되는 데서부터 출발해야 하기 때문이지요. 먼저 진로 목표를 설정합니다. 다음 단계로 독서를 활용해서 꿈과 비전을 확고하게 다지는 과정이 이어집니다. 이 과정에서 아이들은 연결지능을 키우는 본격적인 체험을 합니다.

〈비전로드맵 워크숍〉 과정에서 아이들의 꿈과 비전을 다시 한 번 점검합니다. 저마다 다양한 꿈을 탐색하고 진로 목표를 설정합니다. 외과 의사의 꿈을 가진 지환이, 경영자를 꿈꾸는 완수, 영어 교사가 되고 싶은 선영이, 디자이너의 꿈을 펼칠 지민이. 모두 진지하게 〈사고 치는 인재 만들기 프로젝트〉에 참여했어요. 드디어 프로젝트 둘째 날, 저는 설렘과 기대감을 안고 질문했지요. "지난주에 읽어오라고 한 책, 모두 읽어왔죠? 읽어온 친구 손들어보세요." 역시 기대는 깨지라고 존재하나 봅니다. 단지 두 아이만 손을 들뿐 나머지 여덟 명은 '이거 꼭 읽어 와야 하는 건가요?' 하는 표정으로 해맑게 바라봅니다. 그날 이후 저는 일주일간 깊은 고민을 했습니다. '어떻게 하면 참여한 모든 아이를 책을 읽게 할 수 있을까?'로 시작해 '토요일 오전에 모두 불러서 4시간 동안 같이 읽을까?'라는 생각까지 미쳤습니다. 하지만 저는 아이들이 스스로 책을 읽고 싶게 만들어주고 싶었죠. 다시 생각에 빠집니다. '어떻게 하면 독서를 공부로 인식하지 않고 즐기게 할 수 있을까?'라고요. 그리하여 세 번째 시간에는 새로운 방법을 시도합니다.

총 3강으로 재편했습니다. 1강에는 지난주에 읽은 책의 내용을 바탕으로 발표와 토론, 면접 과정을 넣어 적극적 참여 수업을 유도했어요. 2강은 배경지식을 함께 나누고 독후 활동 시간을 배치했고요. 그리고 마지막 3강을 대폭 수정했습니다. 아이들이 책을 스스로 읽고 싶게 만드는 것에 초점을 두고 변화를 준 것이지요. 이때

영상을 전략적으로 활용했습니다.

사(思)고 치는 아이 만들기 프로젝트

구분	주요내용	결과물
1강	발표·토론·면접	발표 토론 보고서, 실전 면접 영상 촬영본
2강	배경지식 특강&독후 활동	독후 활동 보고서
3강	다음 주 선정도서(마중물)	마중물 노트 테이킹

프로젝트 2단계 진행 과정

　　당시 선정한 도서는 사회적기업 CEO 블레이크 마이코스키가 쓴 『탐스 스토리』입니다. 때마침 저자가 한국에 와서 〈세바시〉에 출연한 영상이 있었어요. 그 영상을 보여주면서 부연 설명을 해 주었습니다. 영상 내용이 아이들에게 흥미를 이끌만한 소재였거든요.

　　저자가 아르헨티나를 여행하던 중 신발을 신지 않고 생활하는 많은 아이를 발견해요. 사업가 특유의 촉이 발동하기 시작합니다. "야, 대박이다! 이렇게 넓은 땅, 게다가 많은 아이가 신발을 신고 있지 않아. 이곳에 신발을 파는 비즈니스를 해야겠다." 그리고 시장조사를 시작합니다. 그 과정에서 알게 됩니다. 이 아이들은 신발을 살 경제적 여유가 없다는 사실을요. 더 안타까운 사실은 이 많은 아이가 학교도 다닐 수 없다는 거예요. 교복과 신발을 착용해야 학교에 다닐 수 있는 교칙이 있었던 거죠.

사회적기업 '탐스'는 아르헨
티나의 가난한 아이들을 위한 신
발 기부 운동에서 출발합니다. 처
음에는 그 지역 250명의 아이에
게 신발을 기부했어요. 그런데 일
이 점점 커집니다. 주변 지인의
도움을 받아 마이코스키가 진행
하는 의미 있는 활동을, 한 지역
방송사에서 관심을 갖게 된 거죠.
결국 탐스의 기부 운동이 방송에

소개됩니다. 방송 이후 놀라운 일이 발생해요. 순식간에 1만 개의
신발을 기부할 수 있는 규모의 모금으로 이어진 것이죠. 거기서 끝
이 아닙니다. 마이코스키가 가족, 친척, 친구들과 함께 아르헨티나
로 가서 기부 활동을 마치고 정리하는 과정에서 한 스페인 여성을
만나는데요. 그 만남이 그의 삶을 바꾸는 또 다른 전환점이 되었습
니다.

마이코스키는 다른 모든 사업을 정리하고 오로지 탐스에 전념
합니다. 무엇보다 다른 사람들의 기부에 의존하지 않고, 지속해서
그들을 돕기 위해 사업을 확장합니다. 그리고 'one for one! 하나의
신발을 사 주세요. 그러면 하나의 신발을 사준 당신 덕분에 또 하나
의 신발이 아르헨티나의 가난한 아이들에게 기부됩니다.'라는 메
시지를 담은 캠페인을 진행해요. 결과는 대성공이었습니다. 놀라지

마세요. 그 후, 3,800만 명의 아이들이 지속해서 혜택을 받고 있다고 합니다. 그리고 이 캠페인은 시력에 문제가 있는 아이들에게 안경을 기부해 주는 운동으로 확장됩니다.

이러한 신화가 무엇 때문에 가능했을까요? 저자인 블레이크 마이코스키는 말합니다. 기업이 가진 비전과 미션이 고객과 공유될 때, 고객은 자발적으로 마케터가 된다고 말입니다. 고객이 스스로 자기가 하고 있는 의미 있는 일을 트위터와 페이스북을 통해 알린다는 거예요. 회사가 가진 비전과 미션을 고객이 앞장서서 전달하고, 그 가치를 공유하는 결과를 가져온 겁니다.

이 영상을 시청한 아이들에게 저는 다시 제안했습니다. "여러분, 다음 주 우리가 함께 읽고 토론할 책은 『탐스 스토리』예요. 일주일 동안 50페이지를 읽어 와도 좋고, 100페이지를 읽어 와도 좋아요. 물론 완독하는 것이 제일 좋습니다. 하지만 한 가지 이상 반드시 가져올 것이 있어요. 이 책을 읽고 내 마음속에 가장 인상 깊게 다가온 것을 정리해 오세요. 그리고 여기서 배운 내용 중, 내 삶에 적용하고 싶은 것 하나만 가져오세요."라고요.

그리고 일주일이 흘렀습니다. 전 주와 달리 아이들이 들떠 있었어요. 누가 시키지도 않았는데 읽어온 책 이야기로 시끌벅적했습니다. 분위기를 살펴보던 제가 "그럼, 본격적으로 토론을 해볼까요?"라고 했습니다. 그랬더니 주저 없이 완수가 발표의 문을 활짝 열었어요. "선생님, 제 꿈이 경영자라고 한 거 기억나시죠? 저는 이 책 읽으면서 후회 많이 했어요. 제가 비전로드맵 발표할 때, 삼성그룹의 이건희 회장만큼 돈 많이 벌고 싶다고 했잖아요. 그래서 최고급 외제차 7대 마련해서 요일마다 바꿔 타고 싶다고도 했고요. 사실 저는 경영자는 무조건 돈을 많이 버는 것이 중요하다고 생각했어요. 그런데 이렇게 의미 있는 일을 하면서도, 사업을 잘하는 사회적기업이 있다는 걸 처음 알았어요. 그래서 꿈이 바뀌었어요. 사회적기업 CEO로요. 이 책을 통해 기업가 정신이 무엇인지 알게 되었어요. 책을 읽는 내내 행복했어요. 선생님, 재미가 있어서 그런지 금세 책을 다 읽었어요. 두고두고 볼 생각입니다. 롤모델도 바뀌었어요. 이제부터 '블레이크 마이코스키'는 제 우상입니다."

발표를 멈추고 싶지 않은 아이는 완수만이 아니었어요. 창의성이 왜 필요한지 배웠다는 준서, 도전 정신의 중요성을 깨달았다는 지환이, 선영이는 진정한 노블레스 오블리주가 무엇인지 느꼈다고 발표했습니다. 발표 토론 시간으로 설정해놓은 1시간을 훌쩍 넘어, 1시간 40분이 되어서야 어렵게 마무리되었어요. 저는 어느 정도 성공이라는 생각에 뿌듯했죠. 독서를 공부로 인식하지 않고, 자발적으로 10명 중 9명이 완독해온 덕분에요. 그럼에도 더 많은 시도와 연구가 필요함을 깨우쳐 준 경험이었습니다.

꿈꾸고 연결하고 가치를 창출하는 인재로 키우려면, 단계적으로 역량을 기르는 교육이 필요합니다. '꿈꾸는 인재를 넘어 연결하는 인재로, 그리고 가치를 창출하는 인재로 진화하도록 어떻게 도울 것인가?' 이 고민은 현장의 경험을 통해 방법을 찾아 적용하게 되었어요. 지금까지 경험한 방법 중 가장 효율적인 방법은 역시 독서라고 생각합니다. 독서는 꿈을 꾸게 하는 것도, 연결지능을 키우는 것도, 가치를 창출하는 것도 모두 가능하게 하죠. 하지만 여러 가지 이유로 많은 아이는 책과 친하지 않습니다. 그러므로 아이들이 꿈꾸고, 연결하고, 가치를 창출하도록 돕는 더 다양한 교육 방법이 필요합니다. 이때 보조적으로 동영상을 잘 활용하는 지혜가 필요합니다. 우리 아이들을 지도하는 이 땅의 많은 선생님과 부모님들이 함께 고민해야 할 과제라고 생각합니다.

8

—

영화배우를
꿈꾸는 아들
VS
경영자로
키우려는 아내

—

제 둘째 아이가 초등학교 4학년 때 일입니다. 당시 저는 한 영어 교육회사의 교육이사로 회사 업무와 강연 업무로 바빴어요. 아내는 어학원 운영으로 퇴근하면 오후 11시쯤 되었죠. 초등학생인 둘째는 누구보다 부모의 손길이 많이 필요한 시기였어요. 그런데 부모 둘 다 너무 바빠 아이를 돌볼 틈이 없었습니다. 그래서 가슴 아픈 결정을 내리게 됩니다. 해외 국제학교로 2년간 유학을 보내기로요. 아이가 원해서 보내는 거라면 축복이었겠지만, 아이는 전혀 원치 않았어요. 아이를 인천공항에서 떠나보내고, 아내는 눈이 퉁퉁 부을 때까지 공항 화장실에서 나오지 못했습니다. 지금 생각해도 너무 가슴 아픈 상황입니다.

그래도 아이는 우리 부부가 우려했던 것보다 훨씬 적응도 잘하고, 공부도 잘하는 건강한 모습을 보여주었죠. 그렇게 무사히 유학 생활을 마치고 2년 후 돌아옵니다. 저는 중학교에 입학하기 전, 아이가 삶의 방향성을 제대로 설정할 수 있도록 돕고 싶었어요. 그래서 〈비전로드맵 워크숍〉에 참가시켰습니다. 지금은 시행하지 않지만 그 당시에는 워크숍에 참가한 아이들에게 '문장 검사'라는 걸 했어요. 문장 검사란 예컨대 '나에게 삶이란 ○○○이다.'라는 문장을 제시하면 ○○○ 부분에 해당하는 단어나 문구를 채워 넣는 방식입니다. 그런데 워크숍을 마친 후, 문장 검사 결과지를 받아든 아내가 깊은 충격에 빠졌습니다. 여러분이 엄마라고 생각하고 어느 정도의 충격을 받았을지 한 번 공감해 보세요.

문장 검사지 열두 번째 문항으로 '나에게 엄마란 ○○○이다.'라는 문장이 제시되어 있었어요. 그런데 둘째가 거기에 '호적상의 모친일 뿐'이라고 적어 놓은 거예요. 어때요. 충격적인가요? 하지만 사실은 그게 아니었어요. 아이가 아빠의 언어 감각을 닮아서 장난기 있는 말을 잘하거든요. 그걸 아는 저는 아내를 위로하기 시작했습니다. "여보, 우리 준이 알잖아. 장난기 많은 거. 제 딴에는 위트 있게 쓴 거 같은데 너무 속상해하지 마."라고요. 그 순간 아내가 저를 노려보며 "눈이 있으면 16번을 좀 봐!"라고 소리 지르더군요. 16번에는 '나에게 아빠란 ○○○이다.'라는 제시어가 있고, 놀랍게도 그 빈칸에 '꽤나 괜찮은 친구'라고 적혀 있지 뭐예요. 그 문구를 확인하는 순간, 저는 더 이상 아내를 위로할 수 없었습니다.

그런데 말입니다. 정말 제가 아들에게 친구 같은 존재였을까요? 아닙니다. 비밀은 세뇌의 힘이었어요. 아이가 태어나서 말을 배우기 시작한 시기부터 저는 반복적으로 물었어요. 볼 때마다 질문한 거죠.

나: 아들, 아빠와 아들은 무슨 사이?

아들: 친구 사이.

나: 친구 사이는 어때야 해?

아들: 싸우지 않고, 속이지 않고 늘 친해야지.

네, 이렇게 반복적으로 질문하고 답하면서 세뇌했습니다.

그 사건이 지나고 6개월 후, 아들 준이가 또 한 번 엄마의 뒤통수를 크게 치는 사건이 발생합니다. 하루는 아이가 우리 부부에게 대화를 제안했어요. 지금 와서 생각해보니 대화를 가장한 통보였습니다. 아이의 요청으로 한자리에 앉았고, 둘째는 "엄마아빠, 저 영화배우가 될 거예요. 엄마는 제가 외국어고등학교 진학해서 경영자가 되길 원하시죠? 그런데 저는 외고도 경영에도 전혀 관심이 없어요. 전 예술고등학교 영극영화과에 입학해서 영화배우가 될 거예요."라고 본인이 가진 생각을 전했어요. 그야말로 큰 충격이었어요. 아내는 절대 그럴 수 없다고 펄쩍 뛰었죠. 저는 그런 아내에게 내가 잘 타일러보겠다는 말로 일단 안심시켰습니다.

그리고 저 자신을 들여다보았어요. 제가 누구인가요? 대한민국 대표 비전 디자이너로 활동하고 있는 전문가예요. 남의 아이들에게는 "얘들아, 너희들이 평생 하고 싶은 일을 찾아. 어떤 일을 할 때 행복할지, 너희 내면의 목소리에 귀 기울이고 들어봐."라고 외치고 있잖아요. 그런 내가 정작 내 아이에게는 "아들, 영화배우라니. 말도 안 돼. 엄마 말대로 외고 가서 경영자의 길을 가."라고 하면 안 되는 거잖아요. 그때 제가 할 수 있는 최선의 선택을 했습니다. 아이를 데리고 연기학원에 가서 상담받았어요. 1시간 동안 상담받은 후, 연기학원에 등록하기로 결정했습니다. 수강 절차를 밟기 전, 잠시 아이를 나가 있게 하고 선생님과 비밀상담을 하며 2개의 봉투를 건넸습니다. 그러면서 "선생님, 이건 한 달 치 수강료입니다. 그리고 이건 비공식적 한 달 수강료고요. 정규수업이 끝나면 비공식 보충수업 부탁드려요. 주로 몸을 만드는 운동을 시켜주셨으면 합니다. 한 가지 부탁드릴 것은, 인간의 신체적 한계를 느낄 만큼 빡세게 훈련해주셔야 한다는 거예요. 왜냐하면 아이가 진정으로 원하는 길이라면 아무리 힘들어도 견뎌낼 거라 생각하거든요. 그러니 일주일 안에 포기하고 싶다는 생각이 들 만큼 강행군으로 지도해 주세요."라고 부탁했죠.

솔직히 저는 후자를 원했습니다. 선생님도 본질에 충실한 분이셨고요. 아이가 학원에 다닌 지 3일 만에 밤에 식은땀을 흘리고 끙끙 앓는 소리를 내는 거예요. 신나서 아내에게 말했습니다. "여보,

조금만 기다려. 머지않아 당신이 원하는 답을 얻어다 줄게."라고요. 그런데 일주일이 지나고 이주일이 지나도, 아이가 항복문서를 가져오지 않는 거예요. 대신 다음 달 수강료 고지서를 가지고 나타났죠. 이런 모습을 보고 더는 아들을 설득할 자신이 없어 "여보, 미안한데 당신 꿈을 포기해야 할 것 같아. 아들이 대한민국을 대표할 굴지의 영화배우가 될 거란 확신은 없어. 하지만 이 아이가 하고 싶은 거 해보라고 응원하고 지원해주자. 내가 보기엔 최소한 아이가 자기 선택에 후회하지는 않을 것 같아."라고 아내를 회유했습니다.

역시 하고 싶은 일을 해야 하나 봅니다. 엄마가 운영하는 어학원에 수업받으러 갈 때는 30분씩 늦게 가는 둘째였건만, 연기학원은 1시간 일찍 가는 거예요. 연기 공부를 하고 몸을 만들기 위한 운동을 새벽 1~2시까지 군말 없이 즐겼습니다. 그 이후 아이는 안양예술고등학교 연극영화과에 진학해 각종 연극제에서 주연 역할을 맡아, 나름대로 열심히 자기 길을 찾아갔습니다. 지금은 세종대학교 영화예술학과를 다니며 서서히 대중 앞에 나설 준비를 하고 있습니다.

혹시 부모의 진로 목표와 자녀의 진로 목표가 달라 고민하고 있나요? 부모의 생각을 주입하기 전에 아이 내면의 목소리를 들어보세요. 그리고 가능하면 한시적으로라도 그 진로와 연관된 활동을 시켜보세요. 또 그 과정에서 아이가 주도적으로 선택하도록 도와주세요. 그래야 아이가 행복해질 수 있습니다.

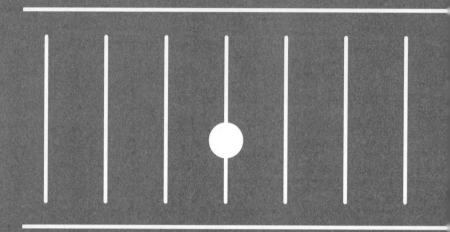

제2장

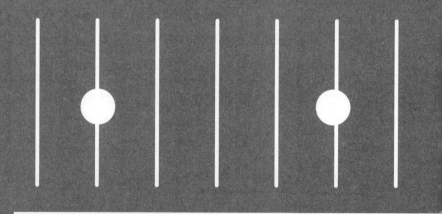

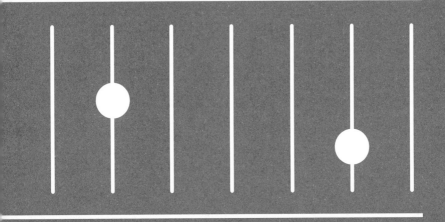

먼저 꿈꾸는
비전리더로 키우기

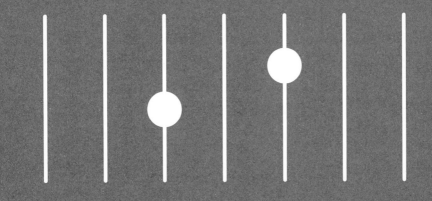

1

—

나는 행복한 대한민국 대표 비전 디자이너다

—

"선생님은 무엇 때문에 이 일을 하세요?"

이렇게 시작된 한 통의 편지가 제 삶에 큰 변화를 가져왔습니다. 7년 전 5월, 화창한 토요일이었어요. 이른 새벽 동대구행 KTX 열차에 몸을 실었습니다. 봄은 만개했지만, 차창 너머로 만나는 5월의 찬란한 봄은 그리 아름답게 다가오지 않았어요. 마음 편히 떠나는 여행이 아니었거든요. 토요일 8시간, 바로 다음 날 일요일도 8시간. 총 16시간 마라톤 워크숍이 예정되어 있었습니다.

8시간 연속 강연을 시작하기 전에는 마음이 무겁지만, 일단 시작하면 시간 도둑이 따로 없어요. 아이들과 함께 떠나는 비전 여행은 언제나 즐겁고 행복하거든요. 하루 일정을 마치고 경남 사천으로 이동했습니다. 장시간의 워크숍 진행과 늦은 시간 이동 거리가 멀어 체력적으로 지쳐 있었지요. 그래도 내일의 멋진 만남을 기대하며 하루를 마무리했습니다. 그리고 이튿날 오전 워크숍 시작 시간을 기다리는데, 참가 학생 엄마로부터 한 통의 문자 메시지가 도착했습니다.

> 학부모: 선생님, 저희는 사실 독실한 크리스천 가정입니다. 그런데도 주일을 거르고 아이들을 선생님 워크숍에 참가시켜요. 잘 부탁드립니다.
>
> 한 소장: 네, 어머님, 사실 제가 40년 모태 신앙입니다. 그런 저 또한 주일을 거르고 워크숍 진행합니다. 걱정하지 마세요.

답장을 보낸 다음 저는 힘차게 워크숍을 진행했습니다. 아이들과 신나게 소통하며 워크숍이 마무리될 무렵, 극도의 피로감이 몰려왔어요. 순간 '나는 무엇을 위해 이 고생을 사서 하는 걸까?'라는 생각이 들었습니다. 그리고 수료식을 끝으로 모든 일정을 마무리했지요. 아이들과 아쉬움의 인사를 나누고 있을 때, 유난히 적극적으로 참여했던 중학교 2학년 여학생이 제게 손편지 한 장을 건네주는 거예요. 워크숍 시작 전 메시지를 보낸 어머니의 자녀였습니다.

선생님은 무엇을 위해 이 일을 하시나요?

굳이 답하실 필요는 없지만, 이 일을 앞으로도 오랜 기간 지속해주시면 좋을 것 같아요. 선생님 덕분에 이 나라 청소년들의 장래가 밝아질 거 같아요. 오늘 선생님과 8시간 동안 함께하며 너무 궁금했어요. '저렇게 행복한 열정과 에너지는 어디서 나올까?' 참 신기했어요.

무엇보다 오늘 우리에게 멋진 비전과 행복한 에너지 전염시켜주셔서 감사합니다. 저도 선생님이 열정으로 알려주신 방법대로 저만의 행복한 진로 목표 반드시 이룰게요.

남해 땅끝에서 한 소녀가 대한민국 청소년들의 멋진 미래를 열어주는 선생님의 비전을 늘 응원할게요.

한 통의 편지가 지쳐 있던 제 영혼에 촉촉한 단비로 내렸습니다. 그리고 깊은 생각에 잠겼어요. '내가 현장에서 8시간 동안 진행하는 〈비전로드맵 워크숍〉은 어쩌면 이벤트에 불가할지도 몰라. 아이들이 가슴 설레는 꿈과 비전을 끄집어낼 수 있게 해주고, 열정에 불을 지피는 일. 물론 의미 있지. 그런데 이 일시적인 이벤트를 좀 더 개선할 수는 없을까?' 하고요. 꽤 오랜 시간 이 생각에 몰두했던 것 같습니다. 그 끝에 '그래, 가까이에 있는 누군가가 아이들의 꿈과 비전에 꾸준히 물을 주고, 영양분을 공급해줄 필요가 있어. 조력자가 필요해!'라는 아이디어가 번뜩이지 뭐예요. 그 즉시, 저와 뜻을 함께할 사람을 구하기로 했습니다. 같은 방향성을 갖고, 아이들에게 멋진 꿈과 비전을 세우도록 돕는 협업자를요.

이로써 〈비전 디자이너 전문가 과정〉이 시작되었어요. 선주의 편지 한 통이 결정적인 계기가 되었던 거죠. 그로부터 7년이 지난 지금, 300여 명의 비전 디자이너들이 전국의 현장에서 왕성하게 활동하고 있습니다.

아이들의 꿈과 비전에 물과 영양분을 공급하는 일, 참 행복한 사명입니다. 그리고 행복한 고민은 선순환 구조를 갖는 것 같아요. 저의 꿈 또한 진화하고 진보했고, 비전 대상이 초·중학교 청소년에서 선생님들로 확장되었습니다. 아이들에게 가장 큰 영향을 미치는 한 축이 선생님이니 범위를 넓혀간 것이죠. 비전이 전염되는 것처럼, 행복이 전염되는 것을 경험했습니다. 비전 디자이너 전문가 과정에 참여한 선생님들을 보면서 늘 받는 느낌이거든요. 멋진 비전을 가진 선생님이 많아서 대한민국의 장래는 밝다고 생각합니다. 정말 감사하고 행복한 일입니다. 무엇보다 그런 멋진 분들과 함께 비전 여행을 할 수 있어서 든든합니다.

비전 디자이너로서 사명을 감당하는 일은 행복합니다. 우리 사회에 선한 영향력을 미칠 수 있으니까요. 명백한 꿈과 비전이 없는 아이들에게 '비전로드맵'을 설계하도록 돕는 일은 무한 행복입니다. 자녀를 비전리더로 키우고 싶은 부모에게 〈비전맘 페스티벌〉을 통해 비전을 설정해 주는 일은 보람이고요. 비전을 함께 이루어 갈 동지들을 만나는 〈비전 디자이너 전문가 과정〉은 축복입니다.

강연을 통해 많은 사람에게 영감을 주고 선한 영향력을 미칠 수 있
는 하루하루가 행복합니다. 더 많은 사람에게 비전을 전염시키고
싶어요. 브라이언 트레이시처럼 말이죠.

누구보다 아이들을 교육하는 선생님은 큰 꿈과 명백한 비전을
가져야 합니다. 비전 디자이너 전문가 과정에 참여한 선생님들에게
제일 먼저 강조하는 부분입니다. 왜냐하면, 명백하고 큰 비전을 가
진 스승 밑에서 원대한 비전을 가진 큰 인재가 나오는 덕분입니다.
예시로 대한민국 대표 비전 디자이너 한수위 소장의 비전을 소개
합니다.

대한민국 대표 비전 디자이너 한수위의 비전

저는 대한민국 대표 비전 디자이너로서 지속 성장할 것입니다. 명백한
꿈이 없는 이 땅의 수많은 청소년들이 꿈과 비전을 설정하고, 행복한
진로 진학에 성공해서 꿈을 펼치도록 도울 거예요. 또한 브라이언 트
레이시처럼 실패하고 좌절한 교육 사업가들과 역량을 갖추고도 어려
움을 겪고 있는 교육 사업가들에게 좋은 강연과 컨설팅을 통해 그들의
성장을 도울 겁니다. 저의 소중한 최종 꿈은 80대까지 이어갈 것이며,
10년 내 10명의 멘토와 20명의 멘티를 만들고, 뜻을 같이하는 역량 있

는 교육전문가 500명의 동료와 함께 이 사회의 교육 발전에 동참할 겁니다. 그러기 위해 주당 1권의 전문서적을 읽고 꾸준히 연구하며, 연간 1권씩 관련 서적을 출간할 것이며, 지속적 강연 활동 및 방송 활동을 통해 다양한 역량을 쌓아갈 겁니다.

2

—

꿈이
없어도
괜찮아

—

> ▶ 가슴 설렐 만큼 내가 하고 싶은 일은 무엇인가?
>
> ▶ 조물주가 내게 허락한 남들보다 뛰어난 재능은 무엇일까?
>
> ▶ 내가 이루고 싶은 꿈을 위해 나는 어떤 준비로 역량을 쌓아야 할까?

온종일 다른 일 하지 않고 몰입해서 이런 고민을 해본 경험이 있나요?

저는 몇십 년 동안 3만 명이 넘는 청소년을 만나 비전을 설정하도록 도왔습니다. 직접 과정을 기획하여, 〈비전로드맵 워크숍〉이란 이름으로 하루 8시간씩 의미 있는 고민을 함께했지요. 최근에는 학교 현장에서 진로의 날 행사로 강연 요청이 오는 경우가 많습니다. 특히 자유학년제 대상인 중학교 1학년 아이들을 많이 만납니다. 그리고 지역에서 이루어지는 대규모 학부모 강연 후, 요청에 따라 워크숍이 열리기도 하죠.

워크숍이 열릴 때마다 아이들에게 항상 같은 대화로 비전 여정의 닻을 올립니다. "지금부터 선생님이 비전 디자이너로 여러분의 비전 여행을 가이드할 거예요. 그런데 비전 여행을 출발할 때마다 선생님은 여러분이 너무 부러워요."라고요.

사실입니다. 매번 느끼지만 아이들이 너무 부러워요. 제가 만약 그 아이들처럼 초등학교 고학년이나 중학생 시기에, 온종일 이런 의미 있는 고민을 할 기회가 있었다면 얼마나 좋았을까요? 그 시기 나의 꿈과 비전에 대해 좀 더 진지하게 고민했다면 어땠을까요? 아마도 지금과는 다른 삶을 살고 있을 거란 미련 때문일지도 모릅니다. 그렇다고 현재의 삶에 만족하지 않는 건 아니에요. 지금도 너무 좋습니다. 하고 싶은 일을 하고 있으니까요. 그래도 그 시기에 좀 더 체계적인 고민을 했다면, 지금보다 훨씬 더 의미 있는 일을 하고 있을 거란 아쉬움이 남습니다. 더 많은 사람에게 제가 가진 잠재력과 경험을 나누고 싶은 욕심이 있어서인 듯합니다.

현재 비전 디자이너로 많은 강연과 워크숍을 통해 학부모와 아이들을 만나고 있어요. 이 일을 통해 선한 영향력을 미칠 수 있어 행복하고 감사합니다. 그런데도 워크숍에 참여한 아이들이 부러운 진짜 이유는 무엇일까를 생각해보면, 어렴풋이 알 수 있을 것 같아요.

'15살의 한수위가 40대의 한수위를 만났으면 좋았겠다.' 45세의 비전 디자이너 한수위는 15살 청소년 수위에게 해 주고 싶은 말이 많기 때문인 것 같아요. "수위야, 너도 저 아이들 무리 속에 들어가서 앉아. 그리고 오늘 선생님과 여기 모인 친구들과 멋진 비전 여행을 떠나보자. 너는 꿈이 뭐야? 아직 없어? 괜찮아, 오늘부터 진지하게 고민해 보는 거야. 왜냐하면 네가 정말 하고 싶은 일. 그토록 찾고 싶던 꿈을 갖게 되면 너의 삶에 많은 변화가 생길 거니까. 무엇보다 너는 그 꿈을 위해 기꺼이 대가를 지불하게 될 거야. 왜 공부해야 하는지, 너만의 특별한 이유가 생길 거야. 누가 공부해라, 공부해라 잔소리 하지 않아도 스스로 알아서 공부하는 너를 만나게 될 거야. 공부의 목표 또한 달라질 거야. 그 목표를 위해 행복한 도전을 하게 되는 거지. 자, 어때? 생각만으로도 신나지 않니?"라는 이야기를요.

이것이 성인이 되어 비전을 설정한 40대 수위가 15살 수많은 수위를 부러워하는 진짜 이유입니다.

저는 워크숍을 시작하면서 아이들에게 질문합니다. "오늘, 본인 의지로 기대하는 마음으로 비전을 탐색하러 온 학생 손 들어보세요." 약 10%의 아이들이 손을 듭니다. 저는 다시, "그럼, 나의 의지 반 엄마의 의지 반으로 워크숍에 참여한 학생 손 들어볼까요?"

라고 묻습니다. 역시 10% 정도가 이 상황에 해당합니다. 끝으로 "사실 이곳에 오기 싫었는데 엄마의 강요에 짜증 나는 마음으로 온 사람 손 들어볼까요?"라고 마지막 질문을 합니다. 놀랍게도 60% 이상의 아이들이 귀찮게 왜 묻느냐는 표정으로 손을 듭니다.

  그래도 저는 여기에 굴하지 않고 말을 이어갑니다. "네, 좋습니다. 현재 꿈이 있어도 없어도 좋아요. 또 오늘 어떤 마음으로 왔든 전혀 상관없어요. 왜냐하면 선생님과 함께 8시간 워크숍을 한 후 출입문을 나갈 때, 여러분 모두 달라져 있을 거거든요. 전국에 여러분과 같은 친구 수가 얼마나 될까요? 대략, 45만 명입니다. 45만 명 중 과연 몇 명이나 8시간 동안 몰입해서 자기 꿈과 비전을 탐색하며 고민해볼까요? 아마 1%도 안 될 거예요. 그 친구들과 달리 여러분은 대가를 지불했습니다. 늦잠을 잘 수 있는 토요일인데도 여기 나와 있으니까요. 선생님은 확신합니다. 워크숍을 마치고 나면 부쩍 성장한 자기 모습을 발견할 것을요. 그리고 제게 이야기할 거예요. '선생님, 오늘 여기 오지 않았다면 큰일 날 뻔 했어요.'라고 말이죠. 또 '정말 행복한 비전 여행이었어요.', '지금부터라도 진실한 태도로 꿈과 비전을 만나볼게요.'와 같은 고백도 하게 될 거고요. 아마 속으로 근거 없는 자신감이라고 생각할 수도 있어요. 그런데 지금까지 만난 3만 명 이상의 친구들이 그렇게 이야기했답니다. 선생님 예언이 맞는지 8시간 후에 확인해 보세요. 자! 이제 여러분이 주인공이 되는 비전 여행, 출발합니다."

지금 이 순간, 이 글을 읽고 있는 당신은 어떤 꿈을 가지고 있나요? 아직 구체적인 꿈이 없나요? 괜찮습니다. 당신도 대한민국 대표 비전 디자이너 한수위와 함께 비전 여행을 떠나면 되니까요.

3

—

꿈과 비전의
차이를 알려줘야
하는 이유

—

아이들에게 꿈과 비전의 차이를 제대로 알려주기만 해도, 꿈을 설계하고 실행하는 방법이 달라집니다.

많은 교육전문가와 강연가가 권합니다. '꿈의 목록'을 나열해 보라고 말이죠. 그래서 많은 사람이 버킷리스트를 작성합니다. 하지만 청소년 시기 비전 탐색은 버킷리스트를 작성하는 것만으로는 부족해요. 아니 잘못 접근하면 부정적인 결과를 초래할 수도 있습니다. 심지어 끔찍한 결과로 이어질 수도 있어요.

저는 13년 전 청소년 대상 비전 프로그램 기획을 시작했어요.

다양한 자료와 기존에 소개된 비전 교육 프로그램을 찾아 점검했지요. 그 가운데 일본인 작가 모치즈키 도시타카가 쓴 『보물지도』 내용을 근거로 비전 프로그램을 운영하는 전문가를 만났습니다. 운 좋게 그분이 진행하는 아이들을 대상으로 하는 자기주도학습 캠프를 참관할 기회를 얻었죠. 기대하고 강연장에 들어섰습니다. 아이들은 버킷리스트를 작성하고, 세부내용을 비전보드에 옮기며 즐겁게 시각화 작업을 진행했어요. 마지막 단계에서는 자기의 비전을 발표하는 것으로 마무리했습니다.

'기대가 크면 실망도 크다.' 그날의 심정을 한마디로 표현하면 그랬어요. 아니 충격이었어요. 참가한 아이들이 발표한 내용이 하나같이 황금만능주의로 가득 차 있었거든요. 대부분 아이가 세운 꿈의 목적지가 부와 돈으로 향하고 있었어요. 자기가 갖고 싶은 고급 외제차, 호화로운 대저택, 그리고 엄청나게 쌓여있는 돈다발로 자기의 꿈을 치장해 놓았어요. 거기에는 '어떠한 가치관과 철학을 갖고 살아갈 것인가?', '이 사회와 국가를 위해 내가 가진 재능을 어떻게 사용할 것인가?', '나의 도움이 필요한 사람들에게 어떤 기여를 할 것인가?'와 같은 고민의 흔적이 없었습니다. 더 놀라운 것은 그런 가치가 담긴 고민 없는 꿈을 거침없이 발표한다는 것이었죠. 게다가 그 누구도 아이들이 발표한 내용에 대해, 비판적 사고로 조언하거나 바로잡아 주는 선생님도 없었습니다. 아니, 그들 또한 황금만능주의로 가득한 아이의 꿈을 응원해 주었어요.

'내 아이가 이런 비전 교육에 참여했다면 어떠했을까?'라고 생각하니 너무 끔찍했어요. 비전 교육을 잘못하면 차라리 하지 않는 것이 낫겠다는 생각이 들었습니다. 조금은 두렵기도 했고요. 그래서 서둘러 『보물지도』를 꼼꼼히 정독했습니다. 책을 다 읽고 난 후의 결론은 '이 책을 근거로 청소년 대상 비전 프로그램을 만드는 것은 위험하다.'였습니다. 성인들에게는 적합할지 몰라도, 건강한 직업 가치관과 인생철학을 바로 세워야 할 청소년에게는 부적합해 보였습니다.

다시 원점으로 돌아가 고민했습니다. 더 다양한 책과 논문을 찾아 자료와 정보를 정리했어요. 또 건강한 가치관을 설정하도록 돕는 데 우선순위를 두었죠. 그리고 꿈과 비전의 차이를 명백하게 정의내리고, 구분해서 설정하도록 가이드라인을 만들었습니다. 다음이 그렇게 만든 가이드라인입니다.

여러분은 꿈과 비전이 어떤 차이가 있다고 생각하나요?
꿈dream은 단순히 이루고 싶은 바람을 의미해요. 이루면 좋지만 그 꿈을 이루기 위해 목숨 걸지는 않아요. 버킷리스트에 가깝죠. 반드시 이루어야 할 의무나 필수사항은 아니랍니다.
반면 비전vision은 어떤 어려움이 있더라도 반드시 이루고 싶은 꿈으로, 그 꿈을 위해 기꺼이 합당한 대가를 지불할 마음이 있음을 의미해요. 단순한 드림dream과는 분명 차이가 있죠.

이런 고민의 과정을 거치면서, 청소년 대상 비전 내비게이션 〈비전로드맵 워크숍〉 프로그램 준비를 하나씩 마무리 지어 갔어요.

소중한 자녀가 기꺼이 대가를 지불하는 아이로 성장하길 원하시죠? 그렇다면 자녀에게 드림dream이 아닌 비전vision을 설정하도록 도와주세요. 아래는 어느 학부모와 질문을 주고받으며 비전탐색법에 대해 다룬 내용입니다. 우리 아이가 스스로 비전을 탐색할 수 있도록 이끌어주는 방법이니 참고하면 좋을 듯합니다.

학부모: 소장님, 우리 아이가 초등학생 5학년인데요. 꿈이 너무 자주 바뀌어요. 문제가 있는 게 아닐까요?

한 소장: 주로 어떤 꿈을 이야기하나요?

학부모: 하루는 로봇공학자가 되겠다고 하고, 다음날에는 각도가 확 바뀌어서 외과 의사가 되고 싶다고 해요. 거기까지는 좋은데 하루가 지나면 변호사가 되겠다고 합니다. 일관성도 없고 수시로 바뀌니 걱정이 되네요.

한 소장: 어머니, 지극히 정상적이고 바람직한 아이네요. 제가 조언하는 대로 접근해보시겠어요? 그냥 아이 의견을 반박하지 마시고 공감해주세요. "로봇공학자? 와! 멋지다. 데니스 홍 박사님을 뛰어넘는 로봇공학자가 되겠다고? 멋진 꿈이네. 외과 의사? 내 딸 의사 가운 입은 멋진 모습 생각하면 너무 좋다. 커리어 우먼 느낌 제대로 나겠는데? 변호사도 좋아.

역시 내 딸이구나!"라고요. 이렇게 긍정적으로 받아주고 공감해주시면 됩니다. 왜냐하면, 초등학생은 '진로환상기'거든요. 단, 초등학생 고학년을 넘어 중학생이 될 때부터 제대로 진로 탐색하도록 도우면 됩니다. 한 가지 더 조언을 드린다면 아이가 자기의 꿈을 이야기할 때, 아이에게 다음과 같이 질문해 주세요. 예를 들어 외과 의사가 되겠다고 하면 "외과 의사가 되기 위해 어떤 준비와 노력을 할 거야? 어떤 준비를 해야 하는지 알아?"라는 질문을요.

진심으로 가슴 설레게 하고 싶은 일. 그 길을 가고 싶다면, 그 일을 하는 데 필요한 자질이나 역량을 길러야 해요. 다시 말해 기꺼이 대가를 지불해야 합니다. 만약 내 아이가 자기의 꿈에 대가를 지불할 마음이 없다면, 그 아이는 비전 탐색이 제대로 되었다고 할 수 없죠. '진로환상기'인 초등학생 저학년 시기에는, 단순히 이루고 싶은 꿈dream을 다양하게 펼치는 것이 지극히 정상입니다. 반면 초등학생 고학년을 지나 '진로탐색기'에 접어든 중학생 자녀는, 드림이 아닌 비전을 설정하도록 도와야 합니다. 이루고 싶은 꿈의 목록을 작성하고 발표하는 임시처방이 아니라, 자기 스스로 세운 비전을 이루기 위해 세부 목표를 세우고, 기꺼이 대가를 지불하는 아이로 성장하도록 돕는 도전이라야 합니다.

4

—

목표가
분명한 사람들이
꿈을 이룬다

—

"인생의 최종적인 목표를 가진 분만 그대로 서 계시고 그렇지 않은 분은 앉아주세요."

30명의 참가자 중 7명을 제외하고 모두 자리에 앉았습니다.

"그 목표가 장기 계획, 중기 계획, 단기 계획으로 구분해 놓은 분만 서 계시고 나머지는 앉아주세요."

3명이 자리에 앉았습니다.

"네, 4분이 남았네요. 좋습니다. 그럼, 그 목표가 수치로 정확히 표현되어 있는 분만 남아주세요."

단 2명의 생존자만 남았습니다.

"자! 마지막입니다. 그 목표를 종이에 써서 가지고 다니는 분만 남아주세요.”

'뭐야 시대가 어느 때인데 원시적으로 종이에 적어 가지고 다녀.'

마치 서바이벌 게임 같았던 이 질문은 한 교육경영자 대상 워크숍에서 경험한 일입니다. 저는 최종 단계에서 최후의 1인이 되지 못해 투덜대며 앉았습니다. 그리고 그날 이후, 깊은 고민을 시작하면서 자기 계발 분야 대가들의 책을 읽습니다. 놀랍게도 저자들 또한 같은 말을 하고 있었습니다.

"목표를 적어라!"

대표적으로 나폴레옹 힐이 쓴『성공의 법칙』에서도, 브라이언 트레이시가 쓴『백만불짜리 습관』에서도 목표를 적을 것을 강하게 추천하는 거예요. 차분히 앉아 목표를 적으며 정리하는 과정을 강조하고 있었죠. 그때부터 찾기 시작했어요. 꿈을 이루는 사람들은 어떤 공통점을 가지고 있을까? 많은 공통점 중에 청소년들에게 추천할 만한 공통점은 무엇일까? 그렇게 우선순위를 매겨 분류한 내용 중, 비전을 세울 때 삶에 적용하면 좋은 세 가지를 소개합니다.

첫째, 분명한 목표를 세우고 관리하는 시스템을 가져야 합니다.『멈추지 마, 다시 꿈부터 써봐』의 저자로 꿈 많은 소녀로 알려진 김수영 작가를 아시나요? 부모님의 사업 실패로 빚쟁이를 피해 한

시골 마을로 도피합니다. 집을 얻을 돈이 없어 마을회관을 빌려 살
게 되지요. 그때의 김수영 작가는 사춘기에 접어든 중학생이었습니
다. 가난, 왕따, 문제아, 가출 소녀 등 부정적인 단어가 김수영 작가
를 둘러싼 수식어가 되죠. 방황 끝에 학교에서도 방출당합니다. 그
런 김수영 작가에게 꿈이 찾아옵니다. 상업고등학생 주제에 대학
은 꿈도 꾸지 말라는 주위의 비웃음을 극복하고, 그녀는 연세대학
교 신문방송학과에 입학합니다. 학생 기자로 활동하며 실력도 쌓았
어요. 졸업을 앞두고 국내 50개 기업에 입사원서를 냅니다. 그런데
50개 기업 그 어느 곳에서도 김수영 작가를 뽑아주지 않죠. 아이러
니하게도 세계적인 투자은행 '골드만삭스'에서 그녀를 채용합니다.
신기한 것은 김수영 작가가 학창 시절 한 인터뷰에서 골드만삭스
에서 일하고 싶다고 한 적이 있다는 겁니다. 그런 그녀에게 불행이
찾아옵니다. 골드만삭스 근무 2년 차에 암 진단을 받은 것이죠. 그
때 김수영 작가는 '내가 곧 죽을지도 모르니, 죽기 전에 하고 싶은
일을 해 봐야지.' 하며 이루고 싶은 꿈을 하나하나 적어 내려갑니다.
그리고 73개의 '드림리스트'를 완성해요. 암 치료를 마친 김수영 작
가는 퇴사를 하고, 무작정 런던행 항공기 티켓 한 장만 들고 런던으
로 갑니다. 그리고 "인생의 1/3을 작은 나라 한국에서 살았으니, 나
머지 20년은 세계 방방곡곡을 누비며 살아야지. 그리고 나머지 1/3
인생은 여행하며 만난 곳 중 가장 매력적인 곳에서 내 인생을 마무
리할 거야."라고 다짐하죠. 그녀의 멋진 비전 여행이 시작된 것입니
다. 아래는 김수영 작가가 작성한 73개 드림리스트 중 일부입니다.

김수영의 MY Dream List

번호	분류	목표	목표 기한	중요도	달성 여부	달성 연도
1	Location	인생의 1/3은 전 세계를 돌아다니면서	2005	5	현재 진행중	2005 ~계속
2	Personal Department	해외에서 커리어 쌓기	2010	5	성공	2006
3	Family	고향에 부모님 집 사드리기	2010	5	성공	2010
4	Family	부모님 효도 여행 보내드리기	2010	5	성공	2009
5	Creativity	20대 모습 화보로 남기기	2010	4	성공	2009
6	Creativity	살사 퀸으로 무대에 서기	2010	3	성공	2006
7	Wealth	재정적 자유 얻기	2015	5	현재 진행중	2009 ~현재
8	Adventure	라틴아메리카 여행	2015	5	현재 진행중	2006 ~계속
9	Pesonal Accomplishment	진짜 비즈니스 배우기	2015	5	현재 진행중	2008 ~계속
10	Creativity	뮤지컬 무대에 서기	2015	5	성공	2009

＊출처: 김수영, 『멈추지 마, 다시 꿈부터 써봐』

여기서 퀴즈 하나 내겠습니다. "김수영 작가가 작성한 73개의 드림리스트 중, 32개의 꿈을 5년 안에 이루게 됩니다. 김수영 작가가 다른 사람보다 비교적 짧은 시기에 많은 꿈을 이룰 수 있었던 비결 3가지는 무엇일까요? 꿈을 이루는 사람들의 공통점 3가지를 보고, 앞의 표를 참고해 찾아보세요."

첫 번째 비결은 중요도를 설정한 것입니다. 꿈의 목록이나 세부 목표를 정할 때, 각각의 목표가 가지고 있는 비중에 따라 분류한 거예요. 인생 전체를 아우르는 최종적인 목표와 그 목표를 이루기 위한 세부 목표는 분명하게 구분하는 것이 필요합니다. 각 항목별로 최종적인 목표나 핵심 목표를 이루는 것의 중요도를 1~5의 숫자로 분류하는 거지요.

두 번째 비결은 각각의 꿈의 목록이나 세부 목표를 실행할 마감 기한을 설정한 것입니다. 성인도 해야 할 일에 마감 기한을 설정해 주지 않으면, 정해진 시간 안에 일을 마무리하지 않고 미루는 상황이 빈번하게 발생하지요. 저 역시 강연 의뢰를 받고 강의안을 보내야 할 마감 날짜가 다 되어서야 보내는 경우가 허다합니다. 최종적인 목표나 세부 목표를 세울 때, 마감 시기를 설정하는 것은 실행력을 높이는 데 중요한 역할을 합니다. 마감 기한을 정하고 그 시간 내에 처리하려는 노력은 성공 습관을 만드는 중요 요소인 거지요. 김수영 작가는 이렇게 해야 과제 수행률과 목표 집착률이 상승한다는 사실을 이미 알고 있었던 거예요.

마지막 비결은 세부 목표 수행 여부를 정규적으로 체크하고 점검하며, 과정 체크를 한 것입니다. 각각의 목표를 달성했는지, 진행 중인지를 체크하는 것은 목표 수행률을 높이는 데 도움 될 뿐만 아니라, 목표 의식과 동기를 높이는 효과가 있어요. 왜냐하면 이 과정이 꿈과 목표를 관리하는 시스템 역할을 해주거든요. 막연히 하고 싶은 일을 버킷리스트로 작성한 것과는 비교할 수 없는 강점입니다.

이로써 꿈을 이루는 사람들이 가진 많은 공통점 중에서 청소년들에게 추천할 방법을 고민하던 저는, 김수영 작가의 『멈추지 마, 다시 꿈부터 써봐』 내용을 정리하며 유용한 팁을 얻게 됩니다. 김수영 작가가 짧은 기간 동안 많은 꿈을 이룰 수 있었던 비결에서 말이죠. 그리고 제 삶에 적용하기로 한 내용을 아이들에게도 공유하기 시작했어요. 그것은 진로 탐색 과정에서 목표를 세우고 실행력을 높이는 비결이 되었습니다. 아래가 그 3가지입니다.

첫째, 중요도를 설정해라.

둘째, 마감 기한을 정해라.

셋째, 세부 목표 수행 여부를 정규적으로 점검해라.

꿈을 이루는 사람들의 공통점 중 어떤 것을 활용하고 있나요? 꿈과 목표를 세우는 것도 중요하지만 그 꿈을 실행으로 연결하는 나만의 시스템을 만드는 것이 더 중요하지 않을까요? 소중한 자녀가 인생의 목표를 설정하고, 하나하나 꿈을 이루어가도록 부모로서 무엇을 도울 것인가? 꿈을 이루는 사람들의 공통점 중 우선순위로 적용해 볼 포인트는 무엇인지 고민해 보세요. 그리고 삶에 적용해 보시기 바랍니다.

5

우리 아이 꿈을 바꾸어 주세요

5년 전 제주에서 〈자녀의 원대한 꿈을 디자인해라!〉라는 주제로 강연을 진행했습니다. 마련된 좌석이 꽉 차고도 서서 듣는 분이 보일 정도로 분위기가 뜨거웠어요. 강연을 마치고 내려오는데, 50명 정도의 어머니가 줄지어 기다리고 계셨어요. 서울 수도권 교육 특구 부모님들과 크게 다를 바 없었지요. 진지하게 자녀 문제에 대해 질문을 합니다. 대부분 진로 목표가 없는 아이에 대한 고민 상담입니다.

그런데 갑자기 한 어머니가 큰 소리로 저를 부르더니 "오늘 강연 잘 들었어요. 우리 엄마들에게도 좋은 내용이지만, 아이들이 함께 들으면 더 좋았겠다는 생각이 들었습니다. 혹 우리 아이들에게도 기회를 주실 수 있을까요? 이왕이면 꿈을 구체화하는 비전워크숍이면 더 좋겠어요. 가능하면 한 달 내로 제주에서 진행 부탁드립니다. 참가자 30명은 제가 책임지고 모을게요."라는 거예요. 실행력이 남다른 분이셨어요. 즉석에서 워크숍 희망자를 모을 정도였으니까요.

학부모 강연회 현장 장면

　　그리고 3주 후, 제주 〈비전로드맵 워크숍〉 일정을 잡았어요. 그런데 워크숍이 열리기 3일 전, 한 어머니로부터 연락이 왔습니다. "소장님, 고민이 있어 전화했습니다. 제 아이의 꿈이 너무 명확해서요. 혹시 우리 아이의 꿈을 바꿔주실 수도 있나요? 소장님은 비전을 디자인하는 전문가니 충분히 가능하시죠? 솔직히 말씀드리면 아이 아빠가 중소기업을 운영하는 사업가인데, 저희는 우리 아이를 경영자로 키우고 싶거든요. 하지만 아이는 경영자의 꿈은 조금도 없어요. 오로지 세계적인 축구선수가 되고 싶답니다. 차라리 막연한 축구선수를 꿈꾸면 좋겠어요. 그런 꿈은 시간이 지나면 바뀔 수도 있잖아요. 그런데 너무 확고해요. 학교만 갔다 오면 책 한 장 보지 않고, 매일 친구들 불러 공만 차고 놀아요. 이제 6학년인데, 주말에도 얼굴 보기 힘들 정도라니까요. 더는 공부를 멀리하면 안 될 텐데 걱정이에요. 축구에 미쳐있는 우리 아이, 어떻게 하면 좋을까요? 제발 그 아이 머릿속에 있는 축구선수의 꿈은 하얗게 지워주시고, 경영자의 꿈으로 빨갛게 물들여주세요. 부탁드려요." 긴 통화였지만 요약한 내용입니다. 마치 제품의 사양을 변경해서 주문 요청하는 것 같았어요.

또 다른 어머니가 생각납니다. 학생들과 〈비전로드맵 워크숍〉을 진행한 첫해였어요. 참가 학생 어머니 한 분이 워크숍을 참관하고 싶어 하셨어요. 너무나 간절하게 부탁하셔서 참관을 허락했습니다. 처음부터 어머니도 아이들처럼 분위기에 동화되었어요. 마치 학창 시절로 돌아가 직접 워크숍에 참가한 아이처럼 진지하고 재미있게 동참하셨죠. 누가 시키지도 않았는데 자발적으로 워크숍 진행도 도와주시고, 점심시간 아이들 식사 준비도 챙겨주시고, 식사 후 뒷정리도 기쁜 마음으로 하셨어요. 적극적인 진행 보조자 역할을 충실히 하셨죠. 그래서 선물로 한 가지 역할을 더 부여해드렸어요. "어머니, 워크숍 마지막 단계가 프레젠테이션 면접입니다. 그때 전문 면접관 세 분이 필요해요. 물론 전문 면접관 세 분 모두 오셨지만, 어머니께서 특별히 1일 배심원 면접관으로 참여해주셨으면 해요. 지금처럼 적극적으로 동참하시면 됩니다."라고요. 그 어머니는 무척 좋아하셨죠.

그리고 프레젠테이션 면접이 시작되었습니다. 아이들이 한 명, 한 명 무대에 올라가 자기의 멋진 꿈을 발표했어요. 주어진 시간은 3분이었습니다. 3분 발표를 마치면 발표 내용을 근거로 면접관이 질문을 합니다. 이 어머니도 10분간 간단한 면접관 사전교육을 받고, 면접관으로 동참하셨어요. 기대 이상으로 특별 배심원 면접관 역할도 너무 잘하셨어요. 특히 떨려서 발표를 잘하지 못하는 아이들에게 적절한 위로와 격려도 잘해주셨죠. 더는 바랄 것이 없는 정도였어요. 하지만 문제가 발생합니다. 한 학생이 발표한 후 "학생의 꿈은 왜 프로게이머인가요? 언제부터 꿈이 바뀌었나요? 부모님과 상의는 했나요? 공부하기 싫고 게임이나 하려고 꿈을 바꾼 것은 아닌가요? 그 꿈은 전망이 없어 보이는데 그래도 하실 건가요? 부모님이 계속 반대하셔도 하실 건가요?"라고 약간은 공격적인 어조로 질문을 한 것이죠. 면접관 한 명이 차례대로 하나의 질문만 하는 것이 원칙이라고 설명했는데, 쉬지 않고 연달아 질문을 쏟아부으셨어요. 저는 순간적으로 당황했습니다. 순식간에 참여한 아이들의 분위기도 찬물을 끼얹은 것처럼 싸늘해졌어요.

왜 이런 일이 발생했는지 눈치챘나요? 이제 막 발표를 마친 아이가 그 어머니의 자녀였던 것입니다. 아이가 발표한 꿈은 어머니가 생각하고, 기대한 꿈이 아니었던 것이죠. 어머니는 아이가 외교관의 꿈을 발표할 거라 기대하고 있었던 거예요. 그런데 느닷없이 프로게이머라는 꿈을 말해서 순간 이성을 잃은 겁니다. 충분히 공감합니다. 대부분의 부모가 같은 상황이었다면 당황했을 거예요.

위의 두 사례 공통점이 무엇일까요? 아이가 생각하는 꿈과 부모가 기대하는 진로 목표가 다른 경우입니다. 이럴 때 진로 전문가로서 비전 전문가로서, 어떻게 아이와 부모 모두에게 도움을 줄 수 있을까요? 저는 이 문제를 해결하기 위해 연구하고 고민하며, 현장에 적용하는 시도를 오랜 기간 반복했어요. 그리고 이제는 이런 문제를 해결할 수 있는 실마리를 상당 부분 찾아 적용하고 있습니다. 한마디로 설명하면, 진로를 바라보는 시야를 확장하는 지혜가 필요합니다. 꿈과 비전이 진화하고 진보하는 메커니즘을 이해하면 또 다른 길이 보이거든요.

자, 본론으로 다시 돌아와 자녀의 꿈을 바꿔 달라는 조금은 당황스러운 요청을 받고 제가 어떤 답변을 했을까요? 저는 '비전 디자이너'로서 명쾌한 해법을 제시해야 하는 상황이었습니다. 왜냐하면 그분은 저를 마치 '비전 마법사'로 확신하는 분위기였거든요. 그래서 저는 시원하게 "네, 어머니. 물론 가능합니다. 사실 그런 건 일도 아닙니다."라고 답변을 드렸어요. '비전 사기꾼' 같이 보일지 몰라도 걱정하지 말라고 큰소리치며 안심시켜 드렸죠. 많은 부모님이 제가 어떻게 이 문제를 해결했을지 궁금해 하리라 생각합니다. 지금부터 세계적인 축구선수를 꿈꾸는 아이에게 경영자의 꿈을 이식하는 마법을 공개하겠습니다.

6

—

꿈 너머 꿈,
꿈은 진화하고
진보한다

—

세계적인 축구선수를 꿈꾸는 상우와 흥미진진한 밀당이 시작되었어요. 예외 없이 강연 일정이 있는 날이면 출발하기 30분 전 기도를합니다. 오늘 만날 아이들이 멋진 꿈과 비전을 세우도록 돕는 비전디자이너로서 사명을 잘 감당할 수 있는 지혜와 명철을 구하는 기도입니다. 그날은 특별히 상우를 위해 또 한 번의 특별한 기도를 했어요. 그리고 언제나 그런 것처럼 설레는 마음으로 강연장에 들어섰어요. 오전 9시, 어김없이 워크숍의 시작을 알렸습니다.

출석을 확인하기 전, 상우를 찾기 위해 전체를 스캔했어요. 직감적으로 제 눈에 상우로 보이는 아이가 발견되었습니다. 공부는멀리하고 매일 밖에서 공을 차면서 햇볕에 그을려서인지 얼굴이

새까만 아이가 눈에 확 들어 온 거죠. 묘한 매력이 있는 친구였어요. 의식적으로 그 아이를 주시하며 강연 오프닝에 들어갔습니다.

"여러분, 혹시 축구선수 박지성 아나요? 박지성 선수는 세계적인 축구선수로 성공하는 것이 꿈이었겠죠? 그럼, 박지성 선수는 꿈을 이룬 사람일까요? 그렇죠. 성공한 사람이에요. 그런데 박지성 선수는 30대 중반이라는 이른 나이에 은퇴했어요. 앞으로 박지성 선수는 어떤 일을 하면서 살아갈까요?"라고 제가 질문하자, 아이들이 자기 생각을 주저 없이 표출합니다. "축구 감독이요.", "코치도 가능해요.", "스포츠 해설가요." 중저음의 목소리를 가진 친구는 "치킨집 주인이요."라고 했고요. 저는 여기서 그치지 않고 "조금 더 확장해 볼까요? 우리 사회나 국가를 위해 의미 있는 일을 한다면 어떤 일을 할 수 있을까요?"라고 물었습니다. 중학교 2학년 성미가 의미 있는 답변으로 워크숍의 재미를 더해주더군요. "FIFA 임원에 도전해서 스포츠 외교관 역할을 할 수 있지 않을까요? 국제올림픽위원회 IOC 의원도 할 수 있어요."라고 말이죠. 정말 멋진 대답이었습니다. 이것이 워크숍이 주는 묘미입니다. 다양한 생각을 끄집어내는 과정이 너무 재미있고 유의미해요. 참가자들은 서로에게 건전한 자극제 역할을 하기에 충분합니다.

저는 흥에 겨워 대화를 이어 나갔습니다. "와! 오늘 워크숍은 더 기대되네요. 처음부터 여러분 발표 열기와 수준이 선생님을 설레게 해요. 이제 한 단계 더 나가볼까요? 만약에 박지성 선수가 여러분 나이에 선생님 같은 비전 전문가가 진행하는 워크숍에 와서 비전을 세우는 기회를 얻었다고 가정해 보세요. 그 과정에서 첫 단계로, 세계적인 축구선수로 성장하고 싶은 자기의 진로 목표를 세웠어요. 그런데 여기서 끝나는 것이 아니라, 한 단계 더 사고를 확장하면 차원이 달라집니다. 왜냐하면 꿈도 진화하고 진보하거든요. 이 원리를 이해하면 여러분 꿈도 진화할 수 있어요. 쉽게 말하면 꿈 너머 꿈을 설계하는 거예요. 박지성 선수가 꿈을 설계할 때, 1단계 목표인 세계적인 축구선수에서 끝나는 것이 아니라, 맨유와 같은 명문 축구구단을 경영하는 더 큰 꿈을 설정했다고 가정해 보세요. 그렇다면 축구를 즐기면서, 동시에 시간을 내어 짬짬이 어떤 공부를 했을까요? 미래 축구 스타를 꿈꾸는 상우가 답해볼까요?"라고 일부러 상우를 콕 집어 질문했어요.

놀랍게도 상우가 기대하던 답을 그대로 말해주었어요. "시간이 날 때마다 경영학 관련 공부를 했겠지요."라고 친구들 앞에서 명쾌하게 답을 하는 겁니다. "맞아요. 꿈은 이렇게 진화하고 진보하는 거예요. 여러분이 이렇게 진화하고 진보하는 꿈의 메커니즘을 이해하면, 여러분의 꿈은 성장을 넘어 성공으로 이어질 확률이 높아집니다. 꿈 너머의 꿈도 이룰 수 있지요." 이때부터 참가한 아이들의 열기가 더 뜨거워지는 걸 느꼈어요. 점점 더 몰입하기 시작한 것이죠. 상우의 입꼬리에도 작은 미소가 번졌습니다.

저는 참가자들의 이해를 돕기 위해서 한 번 더 질문합니다. 상우와 함께 참가한 중학교 1학년 지연이에게 물었어요.

한 소장: 지연이는 어떤 꿈과 진로 목표를 가지고 있나요?

지연: 중학교 아이들에게 영어를 가르치는 선생님이 될 거예요.

한 소장: 와, 훌륭한 꿈이네요. 그렇다면 지연이는 영어 교사로서 어떤 브랜드를 가질 계획인가요?

지연: 제자들에게 영어를 잘 가르치는 선생님이요.

한 소장: 좋아요. 그런데 전국에는 영어 선생님이 너무 많아요. 수많은 영어 선생님과 차별화된 지연이만의 브랜드는 무엇인지 고민해 보세요. 영어 선생님이 영어를 잘 가르치는 것은 기본이죠? 선생님이 말하고 싶은 것은, 제자들이 영어로 말하기, 쓰기 등의 소통 능력을 키울 수 있도록 돕는 것은 영어 선생님이라면 누구나 가져야 할 기본 역량이에요. 그것 말고 제자들에게 지연이만이 줄 수 있는 것이 무엇인지 생각해 보라는 거예요. 그래야 브랜드를 가진 전문가로 성장할 수 있거든요. 예를 들어 이 세상의 모든 사람은 누구나 남들보다 뛰어난 한 가지 이상의 재능을 가지고 있음을 믿고, 제자 한 명 한 명이 가진 재능이 무엇인지 찾아주려고 노력하는 선생님이라면 어떨까요? 또 인생의 꿈과 목표를 찾지 못하는 제자들에게 꿈과 목표를 찾도록 도와주고, 그 꿈을 이루는 실행력을 갖도록 도와주는 선생님이라면 영어 교사로

서 지연이만의 브랜드를 가진 선생님이 되지 않을까요?

지연: 네, 그렇네요.

모든 아이가 더 집중하더군요. 저는 여기서 멈추지 않았죠. "그런 멋진 교육철학을 가진 지연이가 40대 중반에 그 학교 교감 선생님 된다면, 지연이가 가진 교육철학의 혜택을 받는 아이들 수는 얼마나 될까요? 많으면 그 학교 전교생 수가 되지 않을까요? 더 확장해 볼까요? 이렇게 훌륭한 교육철학을 가진 지연이가 제주특별자치도 교육감이 된다면 어떤 결과로 이어질까요? 아니, 이 나라 교육부 장관이 된다면요? 그로 인해 미칠 선한 영향력이 얼마나 될까요? 이렇게 꿈과 비전은 진화하고 진보해 나갈 수 있어요. 여러분도 오늘 당장 '꿈 너머 꿈'을 설계해보세요."라고 마무리했습니다.

그리고 지연이는 "선생님, 제가 너무 좁은 시야로 꿈을 제한하고 있었네요. 더 큰 꿈을 꾸게 해주셔서 고맙습니다."라고 고백했어요.

꿈은 진화하고 진보한다!

구분	20	27	35	45	55	60	65
목표	사범대 입학	교사	부장 교사	교감	교장	교육감	교육부 장관

꿈과 비전을 심어주고 실행력을 키워주는 비전 멘토

*출처: 〈비전로드맵 워크숍〉 강의 자료

  우리 아이들은 이제 4차 산업혁명 시대를 넘어 5차 산업혁명 시대를 대비해야 할 수도 있어요. 앞으로 10년 후 현존하는 직업 중 50% 정도는 사라질 것으로 미래학자들은 예측합니다. 어떤 준비를 해야 할지 혼란스러워요. 분명한 한 가지 변화는, 이제 한 가지 일만 고집하면서 하나의 직종에 평생 몸담는 시대는 아니라는 거예요. 사이사이 직업에 변화를 주면서 두 가지 또는 세 가지 분야를 넘나들며 일하는 커리어 리프트 시대를 살게 됩니다. 그렇다면 우리 자녀에게 가장 필요한 준비는 무엇일까요? 직업 환경의 변화를 감지하며 진로 탐색 활동을 꾸준히 하는 것도 물론 중요해요. 그러나 그보다 더 중요한 것은 '꿈과 비전이 진화하고 진보하는 메커니즘을 이해하는 것'이 우선입니다. 그것을 이해하면 기존의 진로와 연계하고 확장해 발전시키는 것이 가능한 덕분입니다.

7

—

꿈과 비전도
물과 영양분을
먹고 자란다

—

"저는 제가 커서 어떤 사람이 될지 너무 궁금해요. 제 나이가 지금 50살인데, 50살에 성장을 멈춘다는 것은 너무 슬픈 일이잖아요."

여행을 많이 다닌다는 이유로 '바람의 딸'이라고 불리는 한비야 씨가 강호동이 진행하는 〈무릎팍도사〉에 나와 한 말입니다. 강호동이 최종적인 꿈을 묻는 말에 저렇게 대답했습니다. 그리고 꿈을 나열하면 120살까지 쭉 이어진다며, 본인이 가진 모든 것을 몽땅 쓰고 가고 싶다고도 했어요. 이 대목에서 한비야 씨가 왜 수많은 대한민국 청소년들의 롤모델로 언급되는지 충분히 공감됩니다.

당신은 어떻게 생각하나요? 50살, 어떤 느낌인가요? 이미 다

큰 나이인가요, 아니면 아직도 더 커야 할 나이인가요? 꿈이 많은
사람이 젊게 산다는 말 들어보셨죠? 꿈 많은 소녀 한비야 씨는 60
대 중반을 바라보는 나이에도 월드비전 세계시민학교장으로 또 다
른 꿈을 향해 도전하고 있습니다.

"한국 선수도 피겨를 잘할 수 있다는 사실을, 수많은 국제 심판과 피
겨 스케이팅 관계자에게 느끼게 해주는 것이 가장 처음에 가졌던 목
표였어요. 그리고 결정적으로 평창동계올림픽 유치를 위한 홍보대
사 활동을 하면서 IOC 선수 위원의 꿈은 더 확고해졌어요."

세계적인 피켜스케이팅 선수로 인정받는 김연아 선수가 어느
인터뷰에서 밝힌 내용입니다. 2010년 밴쿠버 동계올림픽 피겨스케
이팅 여자 싱글 금메달리스트인 김연아 선수는, 2014년 소치올림
픽에 한 번 더 출전하기로 했어요. 그녀가 기대하는 결과는 이미 이
룬 금메달 획득과 동일하거나, 그 이하였음에도 말이죠. 그녀는 무
엇을 위해 다시 도전하기로 했을까요? 또다시 4년이란 고통스러
운 현실이 기다리고 있는데 말입니다. 이미 금메달의 영광을 경험
한 사람이 엄청난 대가를 다시 지불하기로 결심한 거예요. 무엇이
그녀의 마음을 움직이게 했을까요? 그것은 바로 '김연아 선수의 또
다른 꿈'이었습니다. 꿈 너머 꿈, 진화하고 있는 또 다른 큰 꿈이 가
슴에 자리하고 있었던 것이지요. 그녀의 최종 꿈은 IOC 선수 위원
이 되는 것이었습니다. 스포츠 외교관인 IOC 선수 위원이 되어 스

포츠 변방에 위치한 대한민국의 위상을 높이는 데 이바지하고 싶었던 겁니다.

국제구호활동가로 활동해온 한비야 씨와 김연아 선수, 두 사람의 공통점이 보이나요? 바로 자기가 가진 꿈과 비전에 스스로 물과 영양분을 공급하고 있다는 거예요. 꿈과 비전이 지속해서 물과 영양분을 공급받아, 더 큰 꿈으로 성장하며 진화하는 거지요. 꿈은 갖기만 하면 저절로 성장하는 것이 아니라, 잘 성장하도록 적절한 관리가 필요합니다. 그렇다면 '진로환상기'에 해당하는 초등학생 자녀, '진로탐색기'에 접어든 중학생 자녀는 자기 스스로 세운 꿈과 비전에 물과 영양분을 공급하는 관리가 가능할까요? 대부분의 아이는 어렵습니다. 따라서 부모님과 선생님 도움이 필요합니다. 이제 우리 아이들의 꿈과 비전에 물과 영양분을 공급하는 방법을 함께 알아볼까요?

최초로 직업 선택 이론을 발달적 관점에서 접근한 긴즈버그의 이론에 따르면, 6세에서 10세까지의 아이들은 진로환상기에 해당합니다. 이 시기 아이들은 원하면 모든 것이 된다는 확신을 갖는다고 해요. 그런 관점에서 우리 아이들을 보면 금방 이해가 됩니다. "어제는 느닷없이 의사가 되겠다고 해요. 그리고 하루가 지난 오늘은 영화배우가 되겠다고 합니다. 아이가 아빠 닮아서 변덕이 심한 걸까요? 아마 내일은 우주비행사가 된다고 할 겁니다."와 같은 학부모들의 고민을 종종 듣는 걸 보면 말이죠. 능력, 흥미, 가치와 상관없이 부럽고 좋아 보이는 것은 무조건 하고 싶은 시기입니다.

이 시기 자녀의 꿈과 비전에 물과 영양분을 주는 방법은 아주 간단합니다.

"우리 아들, 의사가 되겠다고? 멋지다. 의사 가운 입은 모습도 잘 어울리겠는 걸?"

"변호사가 되겠다고? 내 딸 지금도 이렇게 똑 부러지게 말을 잘하는데 변호사가 되면 얼마나 말을 잘할까? 우리 딸이 변호해주는 의뢰인은 좋겠다. 재판에서 이기게 해줄 테니까 말이야."

그저 공감하고 지지해 주시면 됩니다. 꿈을 마음껏 끄집어내고 펼쳐갈 수 있도록 응원해 주면 됩니다.

조금 더 세심하게 관심을 가지고 자녀의 꿈과 비전이 성장하도록 도와주어야 하는 시기는, 초등학교 4학년부터 진로탐색기에 해당하는 중학생 시기입니다. 아래 표를 참조하면 직업 흥미 단계와 능력 단계에 해당한다는 것을 알 수 있죠. 이 시기 아이들은 자기가 좋아하는 것에 관심을 가지고, 꿈에 다가서는 시기입니다. 아주 중요한 순간이지요.

긴즈버그의 진로발달이론

구분	시기	주요특징
1	진로환상기 (~10세)	원하면 모든 것이 된다는 확신의 시기
		능력, 흥미, 가치와 상관없이 부럽고 좋아 보이는 것은 무조건 하고 싶은 시기
2	직업 흥미 단계 (11~12세)	좋아하는 것과 좋아하지 않는 것을 인식하고 흥미를 갖는 단계
		좋아하는 것에 관심을 가지고 진짜 꿈에 다가가는 단계
3	능력 단계 (12~14세)	좋아한다고 다 할 수 있는 것이 아님을 깨닫는 시기
		자신의 관심 분야에서 성공할 수 있는지 생각하고 시험해보기 시작하는 단계 공부하는 목적을 찾아 원하는 능력을 키우기 시작하는 시기
4	가치 단계 (15~16세)	자신에게 소중한 가치가 무엇인지 탐색하여 가치관을 형성하는 시기
		관심이 생기는 직업에 대해 자기의 가치관과 생애 목표에 비추어 평가하고 설계하는 단계
5	전환 단계 (17~18세)	자기에게 맞는 직업을 생각하고 책임의식을 가지는 단계
		삶의 방향이 되는 직업가치관 확립과 진로 목표로 가는 로드맵을 제작하는 시기

*출처: 〈비전&진로탐색여행〉 강연 자료

이 시기부터 자녀가 진로 목표를 말하면 적절한 질문을 활용해보세요. 아이들의 꿈에 영양분을 주는 방법은 적절한 질문을 활용하는 겁니다. 자녀가 의사가 되고 싶다고 말했다고 가정해 보세요. "왜 의사가 되고 싶어?" 하고 너무 깊게 개입하지 마시고 적절하게 사고 확장을 돕는 겁니다.

"의사가 되고 싶다고 생각하게 된 계기가 뭘까?"

"그 생각을 갖게 된 지 얼마나 됐어?"

"외과, 내과, 소아청소년과, 치과, 성형외과 등 의사에도 분야가 많은데, 어떤 의사가 되고 싶어?"

"왜 그 분야의 의사가 되고 싶은 거야?"

질문을 하면서 진지하게 들어주고 호응하며, 아이가 생각의 폭을 넓혀갈 수 있도록 도와주세요. 또 거기서 그치지 않고 꿈을 이룰 방법을 함께 고민하는 시간을 가지는 게 중요해요. 가령

"의사가 되기 위해 필요한 자질과 역량이 무엇일까?"

"의사가 되려면 어떤 과정을 거쳐야 하는지 함께 찾아볼까?"

"의사로서 너의 도움이 필요한 사람들에게 어떤 도움을 주고 싶은 거야?"

"의사가 된 후 20~30년 동안 네가 의사로서 최종적으로 하고 싶은 것은 뭐야?"

　　등의 질문으로 꿈을 구체적으로 설계해 나가는 거예요. 이해를 돕기 위해 진로컨설팅 과정에서 활용하고 있는 자료를 하나를 예시로 보여드릴게요.

　　"꿈과 비전을 가져라."라고 말하는 것보다 더 중요한 것은 자녀가 세운 '꿈과 비전이 성장하고 성숙하도록 물과 영양분을 공급하는 것'이라고 생각해요. 그 과정에서 아이가 생각을 확장하도록 돕는 것이 무엇보다 중요한 부모의 역할입니다. 아이가 세운 진로 목표에 대해 관심을 가지고 진로 탐색을 확장할 수 있도록 도와주세요. 이 과정에서 부모님과 선생님의 적절한 도움이 절실합니다. 함께 진로 관련 정보와 자료를 찾아보며 대화하는 것부터 시작해 보세요. 답을 주려고 하지 마시고, 생각을 확장할 수 있도록 해주세요. 그런 부모의 노력이 자녀의 꿈과 비전을 성장시키는 물과 영양분입니다.

진로로드맵		성명	김○○
외과 의사(흉부외과 의사)			
직업 비전	외과 의사	진로목표 (세부)	흉부외과 의사
		최종목표	서울대학병원장

왜?

계기	•할아버지 말판증후군으로 사망 •불치병으로 고통 받는 환자와 가족 이해 •의료 혜택에서 소외된 사람들에 대한 관심 •故 이태석 신부 관련 다큐영화 감동 •의미 있는 삶에 대한 고민 •최소 월 2회 의료봉사(다짐): 단독 •국경 없는 의사회(진로탐색): 단체
확장	•질병을 고치는 의미 있는 일 •난치병 연구 •질병 치료 및 예방의학 •건강관리 조언: 진단과 처방 •의학 발전에 이바지

어떤?

역량 자질	•다재다능한 •프로다운 •소통하는 •존경 받는 명의 •신체 능력/집중력 •서비스지향적 •배려심이 깊은 •독립적인

어떻게?

도달 경로	•학과 교육: 의학과 •학위: 석사 이상 •시험: 의사 국가면허 •인턴 1년/레지던트 4년 •전문의자격증 •취업 또는 창업

어떤 과정?

도달 경로	서울대 의과대학	•수시/정시 대비 •내신 1등급 •진로 독서/인문학 독서/ 우수 봉사
	외대부고 자연계열	•전 과목 or 주요과목 all A •진로 독서 l 우수 봉사

＊출처: 〈비전&진로탐색여행〉 강연 자료

8

—

꿈의 그릇을
키워야
큰 인재로
성장한다

—

"제 꿈은 우리 조국, 독일의 통일입니다."

이 말을 들은 주위 모든 친구가 비웃었어요. 그러나 소년은 마침내 꿈을 이루었어요. 누구의 이야기일까요? 네, 독일을 통일한 헬무트 콜 수상입니다. 한 초등학교에서 아이들에게 평생 꼭 성취하기를 원하는 꿈을 써보라고 요청했던 거예요. 이 소년은 초등학생 때, 평생 이루고 싶은 꿈과 목표를 세우고, 그 목표를 향해 한 발짝씩 나아간 것입니다.

첫째, 나는 영화배우가 되겠다.

둘째, 나는 케네디가의 여인과 결혼하겠다.

셋째, 나는 2005년에 LA 주지사가 되겠다.

한 아이가 어린 시절부터 책상머리에 붙여 놓았던 문구입니다. 누구의 이야기일까요? 짐작하셨죠? 유년기에 아버지와 함께 오스트리아에서 미국 캘리포니아로 이민 온 아널드 슈워제네거입니다. 그는 가난한 어린 시절을 보냈어요. 하지만 그의 마음속에는 확고한 세 가지 인생 목표가 있었습니다. 영화배우가 되겠다는 꿈과 케네디가의 여인과 결혼하겠다는 목표는 이미 이뤘고, 세 번째 목표인 2005년 LA 주지사가 되겠다는 목표는 놀랍게도 2003년 보궐선거를 통해 이루어집니다. 그는 어릴 때부터 주지사로서 LA 주민들에게 연설하는 자기 모습을 생생하게 상상했다고 합니다. 따라서 2년 먼저 목표를 이루었지만, 그에게는 놀랄 만한 일이 아니었을 겁니다.

20대는 회사를 세우고 세상에 나의 존재를 알린다.

30대는 사업자금을 모은다. 최소 1,000억 엔 규모의 사업자금을 모은다.

40대는 한 판 승부를 건다. 1조 엔 2조 엔 정도의 규모로 승부를 건다.

50대는 사업 모델을 완성한다.

60대는 다음 세대에게 완성한 사업을 물려준다.

이는 소프트뱅크 손정의 회장이 청소년기에 세운 인생 계획입니다. 그는 이 5가지 단계의 50년 계획을 19살 나이에 완성했다고 해요. 그리고 한 치의 오차도 없이 자기가 약속한 목표를 이루었다고 합니다.

위의 세 사람 공통점은 무엇일까요? 〈비전로드맵 워크숍〉 현장에서 아이들에게 물었습니다. 예상한 답변이 쏟아졌습니다. "목표가 분명해요.", "어려서부터 꿈을 가지고 있었네요.", "계획이 구체적입니다." 등이었죠. 모두 진지했습니다. 그러나 제가 듣고 싶은 답은 따로 있었습니다. 바로 '꿈의 그릇'입니다. 그릇의 크기가 다르다는 사실이지요.

그렇다면 아이들이 꿈의 그릇을 키우기 위해 우리는 무엇을 어떻게 해야 할까요? 많은 고민과 시간을 투자했어요. 그리고 현장에서 적용해보는 도전이 시작되었죠.

저는 중학교 1학년 때 진로 목표를 정했어요. 막연히 영어 선생님이 되고 싶었어요. 이유는 단순합니다. 다른 아이들보다 영어 과목 성적이 좋았거든요. 영어가 재미있어서 영어 선생님이 되고 싶었던 겁니다. 학부에서 영어영문학을 전공하고, 직접 아이들에게 영어를 가르치는 일도 했어요. 그런데 시간이 지나면서 영어를 가르치는 일보다, 강연을 통해 많은 사람을 돕는 일이 더 재미있고 보람이 있더라고요. 더 나아가 사람들에게 도움을 주기 위한 책도 쓰게 되었죠. 교육강연가에서 비전 디자이너로 그리고 작가로 꿈이 성장하고 했어요. 저의 최종적인 꿈은 1회 강연료로 8억 원을 받는 브라이언 트레이시와 같은 영향력을 가진 강연가가 되는 것입니다. 25만 명의 사람과 1,000여 개 이상의 기업을 상대로 강연회를 열만큼 영향력을 가진 강연가요. 돈을 많이 벌기 위해서가 아닙니다. 더 많은 사람에게 도움을 주는 것이 제 최종 목표입니다. 저 또한 이런 방식으로 꿈의 그릇을 키워가고 있어요.

이제 여러분 차례입니다. 단순한 진로 목표를 넘어 최종적인 꿈까지 꿈의 그릇을 확장해 보세요. 꿈의 그릇을 키우면 더 큰 인재로 성장할 수 있습니다.

초등학교 6학년 지연이의 꿈은 베스트셀러 작가입니다. 정말 멋진 꿈이죠. 이런 지연이에게 최종 꿈을 물었습니다. "10권 이상의 책을 출간해 밀리언셀러가 되고, 한국을 대표하는 문인"이라는 답변이 돌아왔습니다. 이미 꿈의 그릇이 큰 아이라는 걸 알 수 있었죠. 저는 지연이에게 또 다른 길도 보여주고 싶었어요. 그래서 더 깊은 대화를 이어갑니다.

한 소장: 지연이의 꿈을 한 단계만 더 확장하는 것이 어떨까요? 한국을 대표하는 문인을 넘어 노벨문학상에 도전하는 작가의 꿈. 선생님 생각에 지연이는 충분히 해낼 것 같거든요. 여러분, 우리나라에서는 왜 아직 노벨 문학상 수상자가 나오지 않는지 이유를 알고 있나요? 사실 노벨 문학상 후보로 여러 번 올

랐던 고은 작가, 박완서 작가를 포함해 훌륭한 작가가 많아요. 그런데 이 작가들이 쓴 훌륭한 작품을 영어로 번역해 표현하기에 많은 한계가 있다고 해요. 아름다운 한글이 주는 맛깔스러운 표현을 영어로 옮기는 데 문제가 있는 거죠.

지연: 고맙습니다, 선생님. 제가 꼭 노벨문학상을 받는 작가가 될게요. 영어 공부도 더 열심히 해서, 제가 쓴 문학작품을 직접 영어로 번역할 수 있는 실력을 쌓을게요.

한 소장: 아주 좋아요. 그럼, 지연이는 작가가 되기 위해 지금 어떤 준비를 하고 있나요?

지연: 우선 하루 한 시간씩 책을 읽고, 매일 조금씩 글을 쓰고 있어요. 그래서 말인데 제가 작가의 꿈을 확실히 이룰 수 있도록 이 시점에 무엇을 하면 좋은지 알려주세요.

한 소장: 근사한 생각이네요. 선생님은 지연이에게 예비작가 수업을 받아볼 것을 추천해요. 그리고 2년 안에 첫 작품을 출간해보세요. 선생님도 책을 처음 쓸 때, 작가 수업을 받았어요. 그런데 그때 선생님과 함께 수업받는 수강생 중 초등학교 5학년, 6학년 친구들이 있었어요. 어린 나이에 작가의 꿈을 향해 가고 있는 그 친구들이 참 대견하다고 생각했어요. 아마 20년 후, 그 아이들도 지연이와 함께 한국 문학계를 이끌어갈 훌륭한 주역이 되어 있지 않을까요?

대화를 마치고 생각 정리를 위한 10분이 주어집니다. 각자 가진 꿈의 그릇을 어떻게 키울 것인지 생각을 확장하는 시간이에요.

혹시 행복한 고민을 할 때 어떤 표정을 하고 있는지 아시나요? 고민하는 모습에서 묘한 지적 이미지가 드러납니다. 주체할 수 없는 열기를 살짝 감추고 있어요. 손을 대신해서 표정으로 발표하겠다는 의사를 표시하곤 합니다.

영화배우를 꿈꾸는 16살 우영이는 "저는 천만 관객을 모으는 주연배우의 꿈을 가지고 있어요. 영화를 통해 한류 외교관이 될 생각입니다. 그러려면 BTS 성공사례를 비롯한 관련 마케팅 자료를 연구해야겠지요."라고 발표했습니다. 짧은 시간이지만 아이들 꿈은 이토록 빠르게 성장합니다.

많은 사람이 첫 단추가 중요하다고 합니다. 꿈과 비전을 설계하는 것 또한 마찬가지예요. 그런 의미에서 처음부터 꿈의 그릇을 크게 키우도록 도와야 합니다. 흔히 '중요한 임무를 잘 수행할 준비가 된 사람'을 인정할 때 '감이 된다.'라고 표현합니다. 예를 들어, '저 친구는 꿈이 대통령이 되고 싶은 거구나.'와 '저 친구는 대통령이 되겠다.'의 차이입니다. 어려서부터 꿈의 그릇을 크게 성장시켜온 아이들이라야 '감이 되는' 아이, 다시 말해 큰 인재로 성장합니다. 꿈의 그릇을 확장하려면 단순한 진로 목표를 찾는 것에서 머무르지 말고 최종적으로 원하는 최종적인 꿈과 연결해서 사고를 확장하는 지혜가 필요합니다. 그리고 그 무엇보다 부모님의 관심과 도움이 중요합니다.

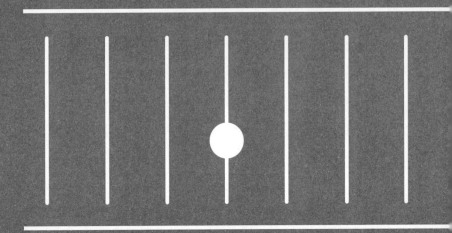

제3장

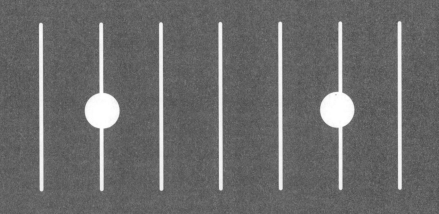

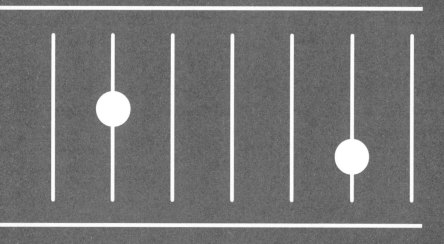

꿈꾸는 인재로 성장하는
비전로드맵 1단계

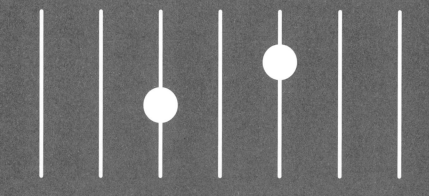

1
—

버킷리스트
작성으로
꿈을 이룬다

—

"소장님, 우리 아이가 2주간 합숙으로 진행하는 학습법 캠프에 다녀왔는데요. 시간 관리하는 법도 배우고, 동기부여 강의도 많이 들었다고 해요. 기대가 컸습니다. 캠프를 다녀온 후, 더는 공부해라 잔소리하지 않아도 될 것만 같았어요. 스스로 공부하기 시작했거든요. 이번 선택은 참 잘했다 생각했어요. 그런데 딱 일주일 후, 더도 덜도 아닌 원래 우리 아들로 되돌아왔어요. 캠프에서 마련한 동기부여 강의는 왜 효과가 오래가지 않는 걸까요? 우리 아이만 그런 걸까요? 제가 선택한 방법이 잘못된 걸까요? 제발 오래 지속되는 생생한 꿈을 갖게 해주고 싶어요. 비싼 비용 내고 보낸 캠프라 기대가 컸는데, 이제 우리 아이 어떻게 하면 좋죠?"

학부모님들이 종종 하는 하소연입니다. 과연 이 아이만의 문제일까요? 아닙니다. 근본적인 해결책을 두고 고민하는 사람이 많거든요. 부모님은 두말할 필요 없고, 교육 현장에서 아이들을 지도하는 선생님들 또한 해결하고 싶은 과제입니다.

교육 현장을 보면 진로 설정의 중요성이 점점 커지고 있다는 사실을 알 수 있어요. 진로 과목도 신설되고, 진로 담당 선생님도 배치된 지 오래되었어요. 학교마다 '진로의 날'을 지정해, 매년 진로 관련 행사도 열립니다. 학교에서 진행하는 진로 수업이나 진로 관련 특강에서 자주 다루는 내용 중 하나가 '꿈의 목록'을 적어보는 겁니다. 각자 작성한 목록을 친구들 앞에서 발표하고, 생각을 나누며 서로의 꿈을 응원합니다. 그런데 안타깝게도 꿈의 목록을 작성하는 것은 지속성이 그리 오래가지 못해요. 저 역시 비전 강연을 시작한 초기에 비슷한 경험을 많이 했어요. 대다수 아이가 진지하게 꿈의 목록을 작성합니다. 발표할 때 모습은 이미 꿈을 이룬 아이의 모습이에요. 행사를 마치고 집에 돌아온 아이의 모습, 상상해 보세요. 생동감이 넘쳐요. 아이가 상기된 목소리로 자기가 세운 꿈의 목록을 이야기합니다. 물어보지도 않았는데 말입니다.

그날 이후 자녀가 얼마나 달라졌나요? 꿈을 이루겠다는 생각으로 스스로 주도력을 가지고 움직인 기간이 얼마나 지속되었나요? 아마 비전 강연을 듣기 전의 내 아이로 돌아오는 데, 한 달이 채 걸리지 않았을 것입니다. 이마저도 최대 길게 잡은 기간입니다.

비슷한 경험과 시행착오를 거치면서 저는 치열하게 연구했어
요. 매년 30회 내외로 〈비전로드맵 워크숍〉을 진행합니다. 워크숍
을 마치고 동료 전문가들이 다시 모여 반드시 피드백을 진행하죠.
동시에 피드 포워드feed forward 시간도 가집니다. 피드백이 지난 것에
대한 신랄한 반성과 통찰이라면 피드 포워드는 새로운 아이디어를
생산해내는 소통입니다. 그럼, 교육 현장에서 여러 시행착오를 통
해 발견한 개선 방법을 소개해볼게요.

많은 부모님이 소중한 자녀가 자기만의 유니크한 꿈을 설계하
길 원하실 겁니다. 동시에 그 꿈과 비전을 실행하는 힘이 있었으면
하고요. 꿈이 아이 곁에 잠시 머무는 것이 아니라 오랜 기간 절친이
되어 우정을 나누었으면 하는 바람이 큽니다. 그렇다면 단순한 꿈
의 목록을 작성하는 것이 아니라 '비전사명'부터 설정할 수 있게 도
와주세요.

비전사명은 '인생 전반에 걸쳐 이루고 싶은 하나의 큰 꿈'입니
다. 더불어 자기가 평생 노력해서 도달하고 싶은 목적지를 설정하
는 것이기도 합니다. 초등학생이나 중학교 아이들에게 너무 어려운
과제라고 생각하시나요? 좋은 사례 한두 가지를 보여주며 소통하면
아이들 스스로 영감을 얻습니다. 자기만의 비전사명을 찾는 데 어
려움이 있어도 괜찮습니다. 왜냐하면 그 과정에서 의미 있는 자극
을 받거든요. 당장 자기의 비전사명을 찾지 못하더라도 친구들 사
례를 보고 듣는 것만으로도 시야가 넓어집니다. 어떤 방향성을 가

지고 세상을 살아갈 것인지 의미 있는 고민이 묻어나는 덕분이죠.

　또 비전사명은 '최종적으로 도달해야 할 인생 여정의 목표'입니다. 따라서 먼저 목적지인 비전사명을 설계해야 합니다. 그 후, 그 목표를 이루기 위한 수단으로 꿈의 목록을 적어보는 것이라야 도움이 됩니다. 그런데 이 중요한 큰 목표를 설정하는 과정을 생략하고, 하위 목표에 해당하는 꿈의 목록을 작성한 거예요. 마치 숲을 보지 못하고 나무만 보는 이치와 같은 겁니다. 아이들은 막연한 상태에서 꿈의 목록을 끄집어내다 보니 주로 자기가 갖고 싶은 것, 가고 싶은 곳, 만나고 싶은 사람, 배우고 싶은 것을 중심으로 고민하게 되는 거예요. 꿈이 하나의 큰 목표를 향해 가는 것이 아니라, 두서없이 여러 방향으로 흩어지는 거지요.

　먼저 비전사명을 상위 목표로 설정하세요. 그리고 꿈의 목록은 상위 목표인 비전사명을 이루기 위한 하위 목표로 구성하세요. 이런 단계를 거쳐 작성한 꿈의 목록은 힘이 생깁니다. 하나의 방향으로 나아가게 하거든요. 비전사명이 평생을 두고 이루고 싶은 꿈이라면, 그 꿈을 위해 기꺼이 대가를 지불하는 것, 하나하나 꿈의 목록이 주요 하위 목표가 되는 거예요.

　누구나 한 번쯤 버킷리스트를 작성해본 경험 있을 겁니다. 지속성이 약한 것은 아이들만의 문제가 아닙니다. 많은 사람이 매년 연말이 되면 새해 계획을 세우고, 작심삼일에 그치는 일을 반복하죠. 그런데 대부분이 연말에 지난 한 해를 되돌아보며, 계획한 것을 얼마나 이루었는지 피드백하는 시간을 잘 갖지 않는다고 합니다. 불편한 진실과 마주하고 싶지 않기 때문이지요. 이 또한 새해 계획을 꿈의 목록을 작성하는 방식으로 세웠기 때문입니다. 지속성이 오래가지 못하고 작심삼일로 끝나는 이유, 공감하시나요? 단순히 꿈의 목록을 작성하는 것으로는 부족합니다. 먼저, 비전사명부터 설정해야 합니다.

지금부터 남은 인생 전체를 아우르는 비전사명을 설정해보세요. 그리고 비전사명을 이루기 위한 수단으로 꿈의 목록을 활용해보세요. 잊지 않으셨죠? 부모가 1% 비전을 가지면, 자녀는 90% 비전리더로 성장합니다.

2

—

비전사명부터
설정해라

—

'꿈의 목록'을 만들기 전에 먼저 '비전사명'을 설정하라고 조언했어요. 초등학교, 중학교 아이들에게 다소 어려운 과제라 생각하시나요? 그래서 저는 비전사명에 대한 이야기를 할 때 제 스토리로 말문을 엽니다. "저는 대한민국 대표 비전 디자이너입니다. 어떤 일을 하는 사람일까요?"라는 질문으로요. 그러면 아이들은 자기가 생각한 대로 답변을 합니다. "비전을 디자인해주는 분이죠.", "꿈을 찾아주는 사람이요.", "진로 교육하는 선생님이요." 또는 "그런 직업이 있나요?"라고 반문하는 아이도 있습니다. 그럼 저는 "역시 대단하네요. 맞아요, 선생님은 꿈과 비전을 찾도록 도와주는 전문가입니다. 그리고 비전 디자이너라는 직업명은 선생님이 만든 거예요. 그렇다면 선생님은 어떤 사람들에게 도움을 주는 전문가일까요?"라고 다시 묻습니다. 또다시 여기저기서 "꿈이 없는 아이들이요.", "꿈이 있긴 해도 무엇을 해야 할지 모르는 아이들이요.", "꿈과 비전을 찾지 못하는 사람들, 대학생 형들이나 어른들도 포함될 거 같아요." 아이들의 생각이 흘러나옵니다. 이때, "지금 여러분이 말한 것처럼 선생님은 '비전 디자이너로 꿈과 비전이 없는 아이들에게 비전을 설정하도록 돕는 사람'이에요. 이것이 바로 선생님의 비전사명이랍니다."라고 저의 비전사명이 담긴 제 직업의 정의를 알려줍니다. 덧붙여 "이제 여러분만의 멋진 비전사명을 만들 거예요. 질문에 답하다 보면 자연스럽게 완성할 수 있어요."라고 비전사명 설정의 부담을 덜어줍니다.

한 소장: 영선이는 중학교 2학년이죠? 어떤 직업 비전을 가지고 있나요? 직업 비전은 쉽게 말하면 진로 목표입니다.

영선: 중견기업을 경영하는 경영인이 되는 것입니다.

한 소장: '중견기업 경영인' 너무 멋지네요. 그렇다면 경영자가 되어서 누구에게 어떤 도움을 주고 싶어요? 나의 도움이 필요한 사람들, 즉 '직업대상'에게 어떤 의미 있는 일을 통해 도움을 주고 싶은지 '직업사명'을 설정하면 됩니다.

영선: 능력을 갖추고도 취업에 어려움을 가진 청년들에게 일자리를 제공하고 싶어요.

한 소장: 한 가지 더 궁금한 게 있어요. 몇 명 정도 고용하는 기업으

로 성장시킬 생각인가요?

영선: 최소 5만 명을 고용하는 기업으로 키우고 싶어요.

한 소장: 아주 훌륭합니다. '능력을 갖추고도 취업난을 겪고 있는 5
만 명의 청년들에게 일자리를 제공하는 경영자'가 바로 영
선이의 비전사명이에요. 줄여서 '5만 명의 청년들에게 일자
리를 제공하는 경영자'로 하면 되겠네요.

여기까지만 해도 멋지고 훌륭합니다. 그런데 사고를 조금만
더 확장하면 차원이 달라집니다. 아이가 5만 명의 고용을 책임지는
기업인이 되겠다고 했어요. 향후 5만 명은 각각 가장이 되어 4인 가
족을 부양하게 되겠죠. 그런 관점에서 보면 영선이는 5만 명을 고
용하는 경영자에서 머무르는 것이 아니라 '20만 명의 생계를 책임
지는 기업가'가 되는 거지요. 사고를 확장했을 뿐인데 꿈의 크기가
달라집니다. 기업가로서의 책임감과 사명감, 꿈을 이루기 위한 노
력도 달라질 수밖에 없습니다.

비전사명을 설정하는 것, 어려운가요? 먼저 자기 자신에게 세
가지 질문을 던져보세요.

첫째, 직업비전(진로 목표)은 무엇인가?

둘째, 직업대상은 누구인가?

셋째, 어떤 의미 있는 일을 통해 도움을 줄 것인가?

비전사명 만들기 사례

	사례 1	사례 2
직업비전	비전 디자이너	중견기업 경영자
직업대상	꿈과 비전이 없는 청소년	능력을 갖추고도 취업난을 겪고 있는 이 땅의 청년들 5만 명
직업사명	가슴 설레는 꿈과 비전을 세우도록 돕는다.	일자리를 제공한다.
비전사명	꿈과 비전이 없는 청소년들에게 비전을 설정하도록 돕는 비전 디자이너	5만 명에게 일자리를 제공하는 중견기업 경영인

세 가지 질문에 대한 답변을 바탕으로 비전사명을 설정해 보세요. 이렇게 작성한 비전사명을 인생의 최종적인 목표로 잡고, 그 목표를 이루기 위한 세부 사항으로 꿈의 목록을 작성하면 됩니다. 아래 표의 비전사명 만들기 사례를 참고하면, 충분히 도움 될 것입니다.

비전사명을 설정하는 과정에서 이루어지는 의미 있는 고민이 실행력을 키워줍니다. 위에 제시한 사례를 참고해 여러분의 비전사명을 완성해보세요. 그리고 같은 방식으로 자녀가 비전사명을 설정하도록 도와주십시오.

비전사명 만들기 실습

	나의 비전사명	자녀의 비전사명
직업비전		
직업대상		
직업사명		
비전사명		

3
—

Only One
꿈의 목록 만들기:
10대~20대

—

삶의 최종적인 목표에 해당하는 비전사명을 설정하면 더 많은 것이 보입니다. 비전사명을 상위 목표로 두고 그 목표를 이루기 위한 하위수단으로 '꿈의 목록'을 고민하면 됩니다.

〈비전로드맵 워크숍〉을 진행하면서 터득한 꿈의 목록을 작성하는 가장 효율적인 방법 3가지를 소개합니다. 첫째, 목표를 잃지 않도록 제일 윗부분에 비전사명을 표기합니다. 둘째, 10대~40대에 각각 되고 싶은 나의 모습을 먼저 생각하세요. '되고 싶은 나의 모습'은 삶의 지향점과 보여주고 싶은 자신의 이미지를 표현합니다. 셋째, 앞에서 다룬 '꿈을 이루는 사람들의 3가지 비결'을 반영하세요. 꿈의 목록에 중요도를 표시하고, 마감 기한을 설정하고, 수행 여부를 점검합니다. 그리고 꿈의 목록을 본격적으로 작성하기 전, 좋은 사례를 참고하는 것이 좋습니다.

　가령 '20만 명의 생계를 책임지는 중견기업 경영인'이란 비전 사명을 설정했다면, 10대와 20대에 어떤 준비를 할 것인가에 대해 의미 있는 고민을 시작합니다. 10대 시기는 주로 기본 역량을 기르는 것에 초점을 맞출 필요가 있어요. 평생 하고 싶은 일이 정해졌다면, 그 진로 목표에 도달하는 데 필요한 자질과 역량을 쌓아가는 쪽으로 진학 목표를 맞추는 것이 유리합니다. 그런 관점에서 필요한 고등학교는 어디인지, 진학을 희망하는 대학과 학과는 어디 인지 탐색해 보세요. 이런 과정을 통해 얼마만큼의 학업 역량을 쌓아야 하는지에 대한 점검도 필요합니다.

　한편 20대는 인생의 황금기입니다. 젊음을 즐기는 것도 중요하지만, 동시에 미래 준비에 열정을 쏟아야 하는 시기이기도 합니다. 대학 생활을 통해 사회인이 될 준비를 하고, 실제로 사회에 첫발을 내딛는 시기이기도 합니다. 10대와 20대에 걸쳐 꿈의 목록을 작성할 때 위에서 언급한 것을 충분히 고민하는 시간이 필요합니다.

　꿈의 목록 만들기 예시는 전체 흐름을 한 방향으로 볼 수 있도록 경영자를 꿈꾸는 중학교 2학년 영선이의 사례를 활용합니다. 먼저 10대와 20대의 꿈의 목록을 살펴볼까요?

비전사명			20만 명의 생계를 책임지는 경영자			
나이	되고 싶은 나의 모습	번호	꿈의 목록	중요도	마감 시한	달성 여부
10대	•의리 있는 나 •미래를 준비하는 나 •공부 잘하는 학생	1	반장 해보기	4		
		2	성공한 기업가 관련 서적 읽기(월 1권)	5		
		3	국·영·수 내신 평균 95점	5		
		4	경기외고 영어과 입학	5		
		5	주니어 기자단 기자	4		
핵심 과제	내가 가야할 고교		경기외국어고등학교 영어과			
	내가 가야할 대학		연세대학교 경영과			
20대	•연세대 학생 되기 •경험이 많은 사람	1	연세대학교 경영대학 학생	5		
		2	유럽 10개국 배낭여행/해외 봉사	4		
		3	경영 서적 100권 읽기	5		
		4	삼성전자 인턴사원	4		
		5	케임브리지대학 경영학과 대학원	5		

*출처: 〈비전로드맵〉 강연 자료

자녀와 함께 10대~20대 꿈의 목록을 작성해보고 싶다면, 기본적인 직업 정보와 학과 정보가 필요합니다. 직업 정보는 주로 '커리어넷www.career.go.kr'과 '워크넷www.work.go.kr'을, 학과 정보와 대학 입시전형을 포함한 구체적인 정보는 '어디가www.adiga.kr'를 참조하면 됩니다. 알짜배기 정보를 무료로 잘 활용할 수 있으니, 아이에게 혼자 찾아보라고 조언하기보다 함께 찾아보고 소통하며 접근하는 것을 적극 권장합니다.

꿈의 목록을 가벼운 마음으로 작성할 수도 있어요. 반드시 위에서 제시한 방식처럼 체계적으로 접근해야만 하는 것은 아닙니다. 아직 진로 정보와 진학 정보가 부족한 초등학생들에게는 다소 어렵고 부담스러울 수도 있으니까요. 하지만 비전 설정도 일종의 학습 효과가 있답니다. 비록 비전을 설정하는 전 과정을 모두 이해하지 못하고 따라가는 데 어려움을 느끼더라도, 제대로 된 방식으로 전체를 경험한 아이들은 많은 것을 얻어갑니다. 저는 이것을 '무형의 자산'을 축적하는 과정이라 생각합니다. 초등학생 시기에 〈비전로드맵 워크숍〉을 체험한 아이 중 약 45% 정도가 중학생이 되면, 자발적으로 다시 워크숍에 참가합니다. 주로 상위권 성적 아이들에게서 나타나는 현상이에요. 연속해서 참석한 아이들은 여러 가지 이유를 말합니다. "그때의 좋은 기억을 현재 저의 꿈과 연결하고 싶어요.", "다시 한번 비전을 제대로 설정하고 싶어요.", "꿈에 열정의 에너지를 충전하고 싶어요.", "막연한 꿈을 구체적으로 다시 설계하고 싶어요." 등이 그것입니다.

소중한 자녀를 우리 동네 리더로 키우고 싶으신가요? 글로벌 리더로 키우고 싶으시죠? 그렇다면 비전 탐색 방법 또한 달라야 합니다. 삶의 최종적인 목표인 비전사명을 먼저 정하고, 그 목표를 수행하기 위한 세부 목표로 꿈의 목록을 고민해야 합니다. 막연히 이루고 싶은 꿈을 나열하는 것이 아니라, 비전사명을 이루기 위한 수단으로 하나하나 연계해서 작성하는 것이 필요합니다. 항목별로 중요도를 정하고, 마감 기한을 설정하고, 수행 여부를 점검하는 방식으로 작성하는 것이 효과적입니다. 이 방법이 다소 어려운 방법이라도 자녀와 함께 도전해 보세요. 생각하는 것보다 아이들이 훨씬 잘 수행합니다. 왜냐하면 높은 목표를 가진 사람은 다소 어려운 과제도 거뜬히 해결해 내는 과제 집착력과 문제 해결 능력을 갖추고 있거든요.

꿈의 목록 만들기 실습: 10대~20대

나이	되고 싶은 나의 모습	번호	꿈의 목록	중요도	마감 시한	달성 여부
비전사명						
10대		1				
		2				
		3				
		4				
		5				
핵심 과제	내가 가야할 고교					
	내가 가야할 대학					
20대		1				
		2				
		3				
		4				
		5				

4

부모님과 연결한 꿈의 목록 만들기: 30대~40대

"아이가 워크숍에 참가해서 하루 종일 어떤 고민을 했을까 궁금해서 워크숍을 마친 후, 워크북을 유심히 살펴봤는데요. 깜짝 놀랐어요. 아이의 40대 꿈의 목록에 '부모님께 전원주택 선물하기'가 있더라고요. 순간 아이의 생각이 깊어진 것 같아 흐뭇했어요. 아이의 꿈속에 부모를 생각하는 마음이 있다는 것 자체가 너무 대견해요."

워크숍을 진행하면서 40대 꿈의 목록을 작성하기 전 반드시 다루는 내용이 있어요. 아이들의 꿈과 비전에 부모님을 생각하는 마음을 연결하는 것입니다. 처음에는 가벼운 질문으로 시작합니다. "자, 여러분의 나이가 40대 중반이라고 가정해 봅시다. 자녀도 둘

있고요. 그럼 1년에 부모님을 몇 번 찾아뵐 생각인가요?"라고요. 그러면 아이들은 "12번이요. 최소한 1달에 한 번은 찾아뵈어야 하지 않을까요?", "6번이요.", "4번이요.", "일주일에 한 번이요."라고 제각각 대답합니다. 저는 여기에 제 생각을 곁들여 질문하죠. "6번이요? 그럼, 설, 추석 명절, 추석, 부모님 생신, 어버이날, 그리고 지나가다 한 번, 이런 건가요?", "4번이라면 설, 추석, 부모님 생신, 나머지는 생략?" 이런 제 반문에 아이들은 책상을 두드리며 깔깔 넘어갑니다. 그 가운데 진지함이 묻어나는 걸 느낄 수 있어요.

또 하나의 질문이 주어집니다. "여러분, 신중하게 생각하고 답해주세요. 이번에는 남자 친구들에게만 질문할게요. 여러분이 성장해서 결혼할 예정이에요. 아내가 될 여자 친구에게 부모님을 모시고 살자고 진지하게 제안했어요. 그런데 여자 친구가 절대 그럴 수 없다고 합니다. 이럴 경우, 여러분은 어떻게 하실 건가요?" 여기에 남자아이들은 "그럼, 결혼에 대해 다시 한번 생각해봐야죠.", "가까이에 살면서 자주 찾아뵈면 되지 않을까요?"라고 대답합니다. 이번에는 여자 친구들에게 질문합니다. 상황은 같아요. "친정 부모님을 모시고 함께 살고 싶어요. 남편 될 남자 친구에게 모시고 살자고 했어요. 그런데 싫다고 해요. 여러분은 어떤 선택을 할 건가요?" 여자아이들은 마치 그 상황이라도 된 듯 "그 친구와 결혼하지 않을 것같아요.", "진지하게 결혼을 다시 생각해 볼 거예요."라고 살짝 격양된 목소리로 답해요.

재미있는 현상입니다. 워크숍이 열릴 때마다 같은 질문을 하는데, 신기하게도 매번 거의 비슷한 답변을 듣게 됩니다. 아들만 둔 부모님, 어쩌죠? 물론 부모님들도 굳이 함께 살고 싶어 하지 않으실 수 있어요. 그런데 제가 이제까지 경험한 바에 따르면, 딸들이 아들보다 부모님 생각하는 마음이 더 커요. 아들인 저 또한 매번 반성하곤 합니다.

워크숍은 상당 부분 발표와 상호 소통 과정으로 진행됩니다. 특히 40대 꿈의 목록을 작성하고 발표할 때, 좀 더 주의를 기울여 소통합니다. 아이들의 비전에 소중한 사람을 포함하는 것도 중요한 교육이기 때문입니다. 이에 아이들 비전에 부모님과 관련된 내용이 들어가도록 적극적으로 소통합니다.

> 한 소장: 우리 깊이 생각해 봅시다. 여러분이 40대 중반이 되어 부모가 되었어요. 소중한 자녀가 자기의 꿈과 비전을 설정하기 위해 오늘 같은 워크숍에 참가했어요. 잘 마치고 집에 돌아왔어요. 어떤 꿈을 설계했을까 궁금해요. 아이가 가져온 워크북을 살펴봤어요. 그런데 워크북 어디에도 부모인 내가 없어요. 아이의 꿈속엔 부모를 위한 공간이 하나도 없었어요. 그렇다면 부모 입장에서 생각할 때, 섭섭할까요? 섭섭하지 않을까요?
>
> 지섭: 당연히 섭섭하겠죠, 선생님.

한 소장: 지섭이 대답 아주 잘했어요. 그런데 지섭이의 40대 꿈의 목
　　　　록 어디에도 부모님이 안 보이는데요?

지섭 : 선생님 안 보이세요? 눈을 크게 뜨고 보세요.

능청스럽게 이야기하면서 40대 목록에 부모님과 연관된 내용
을 적어 넣고 있어요. 아이들은 참 재미있습니다. 어찌 아이들이라
고 부모를 생각하는 마음이 없겠어요. 단지 자기의 큰 꿈을 설계하
다 보면 자칫 놓칠 수 있기에 잠시 상기시켜줍니다.

30대와 40대의 꿈을 설계할 때는 방법이 좀 달라야 합니다. 그
래서 위에 소개한 것처럼 재미있는 소통으로 시작해 진지한 고민
으로 이어갑니다. 비교적 10대와 20대의 꿈의 목록을 작성하는 것
은 쉬운 편이에요. 아무래도 가까운 미래이기 때문입니다. 반면에
30대와 40대의 목록을 작성하는 것은 어려워요. 30대는 어떤 시기
로 아이들이 인식해야 할까요? 40대 후반을 인생에서 이루고 싶은
최종적인 목표를 이루는 시기로 설정합니다. 다시 말해 지금 나이
에서 대략 30년 후를 계산해서 장기 목표를 설계합니다. 자기 분야
에서 최고의 전문가로 자리매김하는 시기로 40대 중후반으로 잡
고, 그 시기에 이루고 싶은 꿈의 목록을 작성합니다. 그렇다면 30대
는 어떤 준비로 역량을 끌어 올려야 할까요? 최종적인 장기 목표를
이루기 10년 전, 중기 목표를 무엇으로 잡을 것인가? 이 부분과 관
련된 내용을 중심으로 30대 꿈의 목록을 정리합니다. 이에 따라 30

대에 직장에서의 위치, 즉 직위나 직책도 고민합니다. 또한, 사회적으로 의미 있는 활동을 계획하도록 '사회 기여 활동'도 계획합니다. 아래는 30대와 40대 꿈의 목록 예시입니다.

비전사명			20만 명의 생계를 책임지는 경영자			
나이	되고 싶은 나의 모습	번호	꿈의 목록	중요도	마감시한	달성여부
30대	냉철한 눈과 창의성을 가진 CEO 역량 키우기	1	케임브리지대학 박사 학위 받기	4		
		2	평생의 배우자 만나기	5		
		3	글로벌 기업 구글 입사	5		
		4	30대 구글 임원 되기	5		
		5	30대 후반 연봉 10억 벌기	4		
핵심 과제	직장 내 나의 위치 (직위/직책)		30대 구글 핵심임원			
	사회 기여 활동		후배들을 위한 재능기부 강연/기업인을 꿈꾸는 청소년들의 멘토			
40대	한국 경제 발전에 도움이 되는 가치 있는 사람 되기	1	계열사 CEO 발령 받기	5		
		2	지속적인 재능 봉사 부모님께 전원주택 선물	4		
		3	국내 대기업 CEO 초빙 받기	5		
		4	기업에서 대학 인수하기	4		
		5	한국 경제 발전에 이바지 하기	5		

*출처: 〈비전로드맵〉 강연 자료

초등학생이나 중학생을 대상으로 50대와 60대 꿈의 목록을 작성하는 것은 경험상 무리가 있습니다. 따라서 〈비전로드맵 워크숍〉에서는 10대에서 40대까지만 작성합니다.

수많은 시행착오를 거치면서 꿈의 목록을 작성하는 방법도 진화해왔어요. 이런 방식으로 접근한 후, 아이들의 실행력이 놀라울 정도로 개선되었을까요? 〈비전로드맵 워크숍〉에 참가한 아이들을 대상으로 점검해보면 분명 효과가 있어요. 그럼에도 여전히 더 진화해야 합니다.

꿈을 향한 또 다른 도전, 실행력을 끌어올리는 또 다른 시도는 계속됩니다. 소중한 자녀와 함께 나만의 Only One 꿈의 목록을 작성할 수 있도록 작성 페이지 첨부합니다.

꿈의 목록 만들기 실습: 30대~40대

비전사명						
나이	되고 싶은 나의 모습	번호	꿈의 목록	중요도	마감 시한	달성 여부
30대		1				
		2				
		3				
		4				
		5				
핵심 과제	직장 내 나의 위치 (직위/직책)					
	사회 기여 활동					
40대		1				
		2				
		3				
		4				
		5				

5

—

자녀에게
브랜드 철학을
만들어줘라

—

명품 브랜드 좋아하시나요? 많은 사람이 명품 브랜드를 선호합니다. 그런데 정작 자기 자신은 어떤 브랜드를 가지고 살아가는지, 깊이 고민하며 살아가지는 않는 것 같습니다. 하지만 자녀만큼은 명품 브랜드를 가진 인재로 키우고 싶어 하죠. 다양한 분야에서 전문가로 활동하는 사람들은 이미 자신만의 퍼스널 브랜드를 가지고 있습니다.

자녀를 명품 브랜드를 가진 핵심인재로 키우고 싶다면, 어린 시기부터 브랜드 철학을 만들어 주세요. 브랜드가 되려면 브랜드와 관련한 철학이 필요합니다. 또한, 브랜드 철학 없는 명품은 존재하지 않기 때문입니다. 철학은 내가 '세상에 던지는 질문'입니다. '어떻게 하면 하늘을 날 수 있을까?'란 질문을 수없이 던진 사람이 비행기를 만들었어요. '지치지 않는 말은 없을까?'란 물음을 끊임없이 던진 사람이 결국 자동차를 개발했죠. 너무 거창한 이야기인가요? 그렇다면 제 경험 하나 소개해 볼게요.

2008년, 고등학교 입시가 급격하게 변화합니다. 특히 명문고라고 불리는 외국어고등학교, 국제고등학교, 과학고등학교 그리고 전국적으로 입학이 가능한 자율형 사립고등학교 입시에 큰 변화가 생긴 거예요. 아이들 입장에선 한번도 경험해 보지 못한 '자기주도학습전형'이었죠. 새로운 전형의 핵심은 자기소개서를 작성하고, 자기소개서를 기반으로 역량을 확인하는 면접시험을 종합해 선발하는 제도입니다. 입시를 준비해야 하는 수험생도, 준비를 도와주는 선생님들 그리고 부모님 모두 어떻게 대비해야 할지 몰라 혼란스러웠습니다.

당시 저는 영어 교육회사에서 교육이사로 근무하고 있었어요. 주 업무 중 하나가 강연이었죠. 특히 입시제도의 변화가 생길 경우, 교육 정보를 잘 분석해서 대비전략을 제시하는 강연을 많이 했어요. 그래서 〈자기주도학습전형의 올바른 이해와 대비 전략〉이란 주제로 한 달에 20회 이상 전국적으로 강연을 합니다. 주로 교육부에서 제시해 준 '자기주도학습전형 매뉴얼'을 근거로 입시 정보를 전달했어요. 그런데 강연 횟수가 거듭될수록 공허한 생각이 들기 시작했습니다. '단순 교육 정보를 전달하는 강연은 네가 아니더라도 할 사람이 많아.', '진정한 교육 강연 전문가라면 단순 입시 정보를 넘어 근본적인 해결책을 제시해줘야 하는 거 아냐?', '현장에서 활용할 수 있는 해답을 줘야 진정한 교육 강연 전문가지.' 등 내면으로부터 들려오는 목소리가 저를 괴롭혔어요.

이에 저는 몇 년 먼저 시행한 대입 입학사정관제도(현 학생부종합전형)를 통해 합격한 학생들의 자기소개서와 면접 자료를 분석하기 시작합니다. 3개월의 노력 끝에, 자기주도학습전형 대비 자료집 『특목고, 그래서 어쩌라고』가 세상에 나오게 되죠. 강연을 마치고 학부모와 수험생에게 자료 나눔을 시작했어요. 그리고 아이들이 자기소개서를 작성해서 이메일로 보내주면, 도움을 주겠다고 자청합니다. 시간을 쪼개고 쪼개 거의 매일 새벽 4시까지, 무려 98명의 특목고 지원자에게 자기소개서 첨삭 컨설팅과 면접 대비 자료를 정리해 보내주는 재능기부를 했어요. 그런데 바로 그 해, 믿을 수 없는 사건이 발생합니다. 생각지도 못한 일이라 너무 놀랐어요. 준비를 도와준 98명의 수험생 중 무려 92명의 아이가 합격의 소식을 전해온 거예요. 이 분야에 재능이 있다는 걸 그때 알게 되었어요. 그래서 좀 더 체계적으로 준비해서 사업으로 확장하기로 했습니다. 이제 와서 고백컨대, 그 이후 아무리 체계적으로 연구하고, 현장에 적용해도 첫해 기록한 94% 합격 신화는 결코 깰 수가 없었어요.

'왜 이런 결과가 나타날까?' 처음에는 이해가 되지 않았지만 곧 깨달았죠. 나의 신이신 하나님께서 선한 의도로 내가 가진 재능을 기부하고 나눌 때, 가장 크고 아름다운 결과를 보여주셨다는 사실을 말입니다.

'전문 역량은 키웠는데 성과는 하락할까?'를 수없이 고민하며 분석하기 시작했습니다. 내가 중요한 것을 놓치고 있는 것은 없는지, 고민한 끝에 근본 원인을 찾았어요. 자기주도학습전형과 학생부종합전형은 다른 말로 표현하면 '꿈의 전형'입니다. 꿈(진로 목표)이 없으면 체계적인 준비가 어려운 전형이에요. '자신의 진로 목표를 이루기 위해서 어떤 준비를 해 왔느냐?'가 핵심입니다. 그런데 현장에서 만난 아이 중, 대략 70%가 명백한 진로 목표가 없었던 거죠.

'어떻게 하면 꿈과 비전이 없는 아이들에게 진로 목표를 찾도록 도와줄 수 있을까?', '꿈과 비전을 찾도록 도우려면 무엇부터 접근해야 할까?' 등 관련 질문을 계속 던지고 또 물었어요. 혹시 아시나요? 이렇게 질문과 고민을 지속하면 자연스럽게 해결책을 찾게 된다는 것을요. 먼저 관련 서적을 찾아 읽기 시작했고, 그 분야 전문가들을 만나기 시작했어요. 그렇게 1년 6개월이란 시간을 투자한 결과, 〈비전로드맵 워크숍〉 초기 버전이 탄생한 것입니다. 그때부터 왕성하게 활동을 시작합니다. 가능하면 더 많은 아이를 현장에서 만나려고, 무리해서 강연 일정을 잡았어요. 꿈과 비전이 없어서 목표 의식도 없는 아이들을 만나, 하루 8시간 동안 의미 있는 고민을 함께하는 일이 너무 신나고 재미있었어요. 연간 3,000명이 넘는 아이를 만났습니다. 무기력한 상태에서 만난 아이들이 8시간 동안 시시각각으로 변해가는 모습은 저의 심장을 뛰게 했지요. 8시간 연속 강의를 해도 지치지 않는 에너자이저처럼 말이죠. 그렇게 해서 행복한 비전 디자이너의 사명이 시작된 것입니다. 그때는 미처 몰랐어요. 이런 과정이 브랜드를 만들어 주리란 사실을 말이죠. 아니, 인식조차 못 하고 달려온 거 같아요.

다시 한번 정리해 볼게요. "브랜드가 되려면 브랜드 철학이 필요"합니다. 철학은 세상에 던지는 질문이에요. 그리고 '브랜딩'이란 그가 '세상에 던진 질문을 말과 행동으로 자연스럽게 보여주는 것'입니다. 나중에 안 사실이지만, 놀랍게도 저는 브랜드를 만드는 과정을 그대로 실천해 왔던 겁니다. '어떻게 하면 꿈과 비전이 없는 아이들이 진로 목표를 찾도록 도울 수 있을까?'라는 질문으로 시작해, 전문가 수준의 노하우를 습득하고, 강연 또는 워크숍을 진행할 때마다 '비전 디자이너 한수위'로 소개합니다. 이 활동을 지속한 끝에 사람들은 저 한수위를 '대한민국 대표 비전 디자이너'로 받아들였어요.

자녀를 명품 브랜드를 가진 핵심인재로 키우고 싶다면, 브랜드 철학을 만들 수 있도록 도와주세요. 어린 나이부터 의미 있는 고

민을 하도록 도와주세요. 나는 세상에 어떤 질문을 던질까? 그리고
질문의 답을 찾아가려면 지금부터 어떤 노력을 해야 할까? 그 질문
에 대한 해답을 말과 행동으로 하나하나 보여주는 노력이 자녀에
게 브랜드를 만들어 줍니다.

6

—

브랜드 철학에
공공인재 가치관을
더해라

—

'입도선매立稻先賣'라는 말 들어보셨나요? '벼가 서는 순간 먼저 파는 행위'라는 의미로, 아직은 사용할 수 없지만 미래를 보고 사고판다는 것입니다. 국내 대기업뿐만 아니라 글로벌 기업에서 인재를 확보하기 위해 치열한 전쟁을 벌이고 있어요. 인재를 미리 선별해 대학생 때부터 미리 장학금과 역량 개발에 필요한 비용을 지원합니다. 그리고 졸업 후, 지원했던 인재를 채용합니다. 반면 정반대의 상황이 펼쳐지고 있어요. 취업하기 힘들다, 미래가 없다에 이어 '인구론'이란 용어까지 등장했습니다. 인구론은 '인문계의 90%는 논다.'라는 의미라고 하네요. 많은 대학생이 취업하기 힘든 사회구조를 탓합니다. 왜 취업 시장에서도 빈익빈 부익부 현상이 심화되고 있는 것일까요? 정말 우리 사회가 가진 구조적인 문제라 돌파구를 찾기 힘든 것일까요? 상황이 어려워진 건 사실이지만 이 문제에 대한 제 생각은 좀 다릅니다.

잘 팔리는 상품은 어떤 특성이 있나요? 대체로 브랜드를 가지고 있어요. 유명 백화점 명품 매장을 지나다 보면, 매장에 들어가기 위해 줄을 서서 대기하는 모습을 어렵지 않게 봅니다. 특정 상품은 상당히 고가임에도 불구하고, 사고 싶어도 몇 개월이나 기다려야 해요. 인재도 마찬가지라 생각합니다. 명품 브랜드를 가진 핵심인재는 대기업이나 글로벌 기업에서 서로 데려가고 싶어 합니다. 오죽하면 입도선매 즉, 인재 확보 전쟁을 벌일까요? 우리 자녀가 어려서부터 자기만의 브랜드를 가지고 성장해야 하는 이유입니다.

'브랜드 철학이 공공인재 가치관을 품으면 엄청난 시너지가 발생합니다.'

자녀를 브랜드를 가진 아이로 키우라고 강조하는 이유는 사실 따로 있습니다. 단지 대기업이나 글로벌 기업이 추구하는 인재로 키우라는 좁은 의미가 아니에요. 경쟁력을 가진 핵심인재에서 한발 더 나아가, '이 사회와 국가가 필요로 하는 공공인재로 키우라.'는 것입니다.

그렇다면 공공인재로 성장하려면 가장 먼저 필요한 것이 무엇일까요? 공공인재 가치관을 활용해 브랜드 철학을 세우는 것입니다. 왜냐하면 공공인재 가치관과 브랜드 철학이 만나면 최상의 시너지가 발생하거든요. 따라서 〈비전로드맵 워크숍〉을 진행하는 오전 일과 중 가장 심혈을 기울이는 부분이 바로 공공인재 가치관을 설정하는 것입니다. 워크숍 현장에서 제가 아이들에게 설명하는 내용을 들여다보면 조금 더 이해가 빠를 거예요.

　　"여러분, 공공재Public Goods란 말 들어보셨나요? 공공재란 도로나 항만, 철도 등 '누구나 활용 가능한 공동의 자산'입니다. 그런데 인재도 공공재가 될 수 있다는 사실, 알고 있나요? 인재도 우리 사회의 공동의 자산이 될 수 있어요. 아니, 더 정확하게 이 시대가 요구하는 핵심인재는 공공인재입니다. 인터넷 검색창에서 '공공인재 학부'를 검색해 보세요. 중앙대학교를 비롯한 많은 대학에 개설된 것을 확인할 수 있을 거예요. 또 서울대학교와 세계적인 명문 대학 홈페이지도 확인해 보세요. 대부분의 학교가 지향하는 인재상을 제시해 두었습니다. 그런데 공통적으로 '공공인재가 가져야 할 가치관'을 언급하고 있어요. 이것을 편의상 공공인재 가치관이라고 표현할게요. 왜 글로벌 리더를 키우는 대학에서 '공공인재 가치관'을 강조하는 것일까요? 이 시대가 요구하고, 필요로 하는 인재가 바로 공공인재이기 때문입니다. 따라서 여러분도 공공인재가 가져야 할 가치관을 설정해야 합니다. 선생님이 여러분에게 브랜드를 가진 핵심인재로 성장하라고 했죠? 지금부터 공공인재 가치관을 활용해서 자기만의 브랜드 철학을 만들 거예요. 이것은 세상에 단 하나밖에 없는, Only One 브랜드 철학을 만드는 행복한 프로젝트입니다.

그전에 공공인재가 가진 특성을 알아야 해요. 공공인재는 신이 허락한 재능을 자기 자신만을 위해 사용하지 않아요. 그러므로 어떤 의미 있는 일로, 나의 도움이 필요한 사람들을 도울지 고민해야 합니다. 이 사회의 어둡고, 멍들고, 힘든 부분을 치유하기 위해 무엇을 할 것인가를 묻고 또 묻는 시도를 해요. 이 사회와 국가를 위해 어떤 기여와 헌신과 봉사를 할 것인가 통찰합니다. 한마디로 공공인재는 사회와 국가에 기여하는 인재로서 갖추어야 할 가치관을 설정하는 데서 시작하는 것이죠."

이 같은 설명을 들은 아이들은 꿈의 목록을 작성한 1교시와는 분위기가 사뭇 달라져요. 집중도와 몰입도가 배가 됩니다. '어떤 목표를 가지고 살아갈 것인가?'도 중요하지만, 더 중요한 것이 '어떤 가치관을 가지고 살 것인가?'입니다. 이로써 2교시는 각자 공공인재 가치관을 진지하게 고민하지요. 모둠별로 발표하는 과정에서 서로 자극받기도 하지만, 더 큰 배움을 얻어요. 나이와 학년이 다른 것은 전혀 문제가 되지 않습니다. 오히려 초등학교 5학년 아이가 함께 참가한 중학생 언니 오빠들의 기를 살짝 죽이기도 합니다.

최근 성인들도 퍼스널 브랜드를 가지고 싶어 하는 사람이 늘어나고 있어요. 퍼스널 브랜드를 만들기 위해 가장 많이 하는 것 중 하나가 책 쓰기라고 생각하는 것 같아요. 주변에도 책을 쓰고 싶어

하는 분이 종종 있습니다. 그러나 그리 쉬운 일이 아닌 것 같아요. 한 분야에서 전문가로 성장한다는 것 또한 어려운 일입니다. 더욱이 자기만의 브랜드를 만드는 것은 더 힘들고요. 만일 청소년 시기부터 고민했다면 어떠했을까요? 그러니 우리 아이들은 다르게 접근해야 합니다. 모든 명품 브랜드는 브랜드 스토리를 가지고 있어요. 브랜드 스토리 중심에는 브랜드 철학이 자리하고 있고요.

소중한 자녀, 명품 브랜드를 가진 핵심인재로 키우고 싶나요? 그렇다면 공공인재 가치관을 활용해 브랜드 철학을 설정하도록 도와주세요. 브랜드 철학이 공공인재 가치관을 품는 순간 엄청난 시너지가 발생합니다.

7

—

상위 3%의
브랜드 철학을
세워라

—

'3:97'의 법칙을 들어본 적 있나요? 하버드대학에서 25년간 추적해 실시한 연구 결과에 의하면, 단지 3%만이 사회 각층의 저명인사가 된다고 합니다. 3%의 성공한 사람들은 어떤 비밀을 가지고 있었을 까요?

첫째, 구체적인 목표가 있었다.
둘째, 목표를 향해 실천했다.

비밀은 의외로 단순했습니다. 그렇다면 명색이 하버드대학 졸업생인데 나머지 97%의 졸업생은 목표가 없었을까요? 그렇지는 않았을 거예요. 그럼, 3%와 97% 사이에는 어떤 결정적인 차이가 있었을까요? 그 차이는 신경심리학에서 단서를 찾을 수 있습니다. 신경심리학자들에 따르면, 일반적으로 사람들은 하루 평균 5만 가지 생각을 한다고 해요. 5만 가지 생각이라니 엄청나죠. 그중에서 우리는 어떤 기준으로 행동할까요? 자연스럽게 우선순위를 적용해 행동한다고 합니다. 그런데 문제는 '수만 가지 중에 어떻게 우선순위를 정할 수 있을까?'입니다. 동시에 '자기가 원하는 목표에 알맞게 행동할 수 있을까?'입니다. 생각만 해도 너무 어려운 일입니다. 따라서 '체계적인 목표와 계획의 수립'이 필요한 겁니다. '잘 다듬어진 목표는 실행력도 뛰어난' 덕분이죠.

우리 아이들 또한 97%가 아닌 3%의 잘 다듬어진 목표를 수립할 수 있도록 도와주세요. 그리고 그 목표는 한 문단의 글로 써서, 눈에 띄는 곳에 두고 볼 수 있게 해주세요. 눈으로 보고 생생하게 그릴 수 있어야, 효과가 배가 되니까요. 목표를 눈으로 확인하는 습관을 갖게 되면 그만큼 목적지에 도달할 확률이 높아집니다.

상위 3% 성공한 사람들의 비밀은 잘 다듬어진 목표를 수립하는 것으로부터 출발합니다. 지금부터 〈비전로드맵 워크숍〉에서 진행하는 '상위 3% 브랜드 철학 만들기' 실전 과정에서 체험해보세요.

먼저 공공인재 가치관을 끌어내는 데 도움이 되는 3가지 질문리스트입니다. 그리고 이어서 목표를 이루는 시기를 구체적으로 정하는 질문 3가지를 추가합니다. 상위 3% 브랜드 철학 만들기는 6가지 질문에 대한 답을 찾는 방식으로 완성합니다. 첫 번째 미션부터 함께 고민 해 볼까요?

세부 질문 1. 공공인재 가치관을 끌어내는 질문 TOP 3	
질문 1	여러분의 직업비전은 무엇인가요?
질문 의도	구체적인 직업비전, 즉 진로 목표를 묻는 말입니다.
질문 2	롤모델이 있나요?
질문 의도	닮고 싶은 역할 모델이 있는지를 확인합니다.
질문 3	– 구체적으로 어떤 사람에게 어떤 도움을 주는 삶을 살고 싶은가요? – 어떤 일을 통해 선한 영향력을 미치고 싶은가요?
질문 의도	가장 중요한 질문으로, 직업대상과 직업사명을 묻는 것입니다.

바로 이어서 목표를 이루는 시기를 구체적으로 설정하는 질문 3가지입니다. 장기·중기·단기 목표를 세분화해서 정리합니다.

	세부 질문 2. 목표 달성 시기 설정하는 질문 TOP 3
질문 4	– 꿈과 비전을 최종적으로 이루는 시기는 언제인가요? – 30년 뒤에 이루고 싶은 비전은 무엇인가요?
질문 의도	장기 목표입니다. 최종적으로 꿈과 목표를 이루는 시기와, 이루고 싶은 결과가 무엇인지 고민해 봅니다.
질문 5	30년 뒤의 장기 목표를 이루기 위해, 지금부터 20년 후까지 어떤 계획으로 무엇을 이룰 생각인가요?
질문 의도	중기 목표를 말합니다. 목표를 이루기 위한 중간 목표지점인 거죠. 장기 목표에 도달하기 10년 전으로 설정하는 것이 좋습니다. 자격을 갖추기 위한 대학 또는 학과 졸업 시기 등 중간 목표 도달 지점을 포함하세요.
질문 6	현재 그 목표를 위해 어떤 준비와 노력을 하고 있는지, 또 무엇을 할 계획인지 단기 목표를 말해보세요.
질문 의도	단기 목표를 뜻합니다. 1~2년 내로 구체적으로 어떤 노력을 할 것인 가를 묻는 말입니다. 초등학생이나 중학생의 경우 목표 고등학교와 대학 학과를 포함하는 것이 좋습니다.

6가지의 질문을 바탕으로 왕성하게 소통하고, 진지하게 고민하며 생각을 정리합니다. 최종적으로 6가지 질문에 대한 답변을 활용해, 상위 3% 브랜드 철학 만들기는 한 문단으로 완성합니다. 이 과정을 통해 완성한 중학교 2학년 미선이의 사례를 하나 소개해 볼게요.

저는 담임이셨던 최형순 선생님처럼 '자신의 꿈을 찾지 못하고 자라나는 아이들에게 비전을 키워주는 지지자 역할'을 하는 따뜻한 마음을 가진 영어 교사가 되는 거예요. 또한, 불우한 환경으로 학업을 이어가기 힘든 아이들에게 지식을 나누어 주면서, 꿈과 희망과 웃음을 찾아주고 싶어요.

이러한 저의 꿈은 2070년 정년을 마칠 때까지 교육 현장에서 지식을 나누고, 엄마 같은 마음으로 아이들이 꿈을 펼치도록 헌신할 겁니다. 이 꿈을 이루기 위해 연세대학교 사범대 교육학과를 졸업한 후, 임용고시를 거쳐 2030년부터 교편을 잡을 계획입니다.

그러려면 2020년 현재, 교육에 대한 다양한 서적을 읽으며 교사에게 필요한 자질과 지식을 쌓아야겠지요. 제 꿈을 이루기 위해 지금부터 더욱 체계적으로 공부에 힘쓸 겁니다. 더불어 지역아동센터 봉사활동을 통해 지식 나눔도 지속할 거예요.

너무 멋진 꿈과 비전입니다. 그런데 이것이 완성이 아니에요. 이제 시작인 겁니다. '나는 어떤 브랜드 철학을 가진 전문가로 성장할 것인가?'에 대한 첫 번째 생각을 정리한 거니까요. 시작이 이 정도라면 이 아이의 진화된 꿈은 어떨까요? 이런 과정을 시작으로 아이들은 자신만의 Only One 브랜드를 만들어 가기 시작하는 거예요. 자녀와 함께 상위 3% 브랜드 철학 만들기에 도전해 보세요.

상위 3% 브랜드 철학 만들기 실습

질문 1	여러분의 직업 비전은 무엇인가요?
직업비전	
질문 2	롤모델이 있나요?
직업모델	
질문 3	– 구체적으로 어떤 사람에게 어떤 도움을 주는 삶을 살고 싶은가요? – 어떤 일을 통해 선한 영향력을 미치고 싶은가요?
비전대상	
비전사명	
질문 4	– 꿈과 비전을 최종적으로 이루는 시기는 언제인가요? – 30년 뒤에 이루고 싶은 비전은 무엇인가요?
장기 목표	
질문 5	30년 뒤의 장기 목표를 이루기 위해, 지금부터 20년 후까지 어떤 계획으로 무엇을 이룰 생각인가요?
중기 목표	
질문 6	현재 그 목표를 위해 어떤 준비와 노력을 하고 있는지, 또 무엇을 할 계획인지 단기 목표를 말해보세요.
단기 목표	
한 문단 정리	

8

—

선언하는 순간, 꿈은 살아서 꿈틀거린다

—

가능하면 많은 사람 앞에서 자기의 꿈을 당당하게 선언해보세요. 놀랍게도 그 순간부터 꿈이 꿈틀거리기 시작합니다. 살아 움직이기 시작해요. 강연가인 저 또한 제 꿈을 많은 사람 앞에서 선언하는 것에 주저하지 않았어요. 대규모 강연이 있을 때마다 꿈을 선언하는 멘트로 마무리했습니다. 마치 어떤 의식처럼 말이죠.

　"오늘 강연, 도움 되었나요? 많은 도움 되었다니 고맙습니다. 그렇다면 또 다른 주제의 한수위 소장의 강연을 10월 31일 〈세상을 바꾸는 시간〉에서……." 혹은 "12월 24일 〈강연 100℃〉에서……." 라고 하면 청중들이 여기저기서 웅성대기 시작합니다. "와! 소장님, 드디어 방송에 출연하는군요. 그 강연도 꼭 들을게요.", "축하드려요. 내용이 좋으니 반응이 뜨거울 것 같아요. 응원합니다."라고요. 그럼, 저는 "끝까지 들으셔야죠. 〈세바시〉와 〈강연 100℃〉에 꼭 출연하고 싶습니다."라고 합니다. 당연히 강연장은 웃음바다가 됩니다. 옆 사람 어깨를 두드리기도 하며 화기애애해지죠.

2년 이상 강연 현장에서 같은 마무리를 반복했어요. 그러던 어느 날, 놀라운 한 통의 전화가 걸려 옵니다. 'MBC TV 특강' 강연 섭외 전화였습니다. 그 후 저는 〈내 자녀를 행복하게 만드는 비전로드맵〉을 주제로 439회 MBC TV 특강에 출연합니다.

MBC TV 특강 강연 섭외 담당자가 저를 어떻게 알게 되었을까요? 케이블 TV나 지역 방송사도 아닌 지상파 방송사에서 말이에요. 출연자를 깐깐하게 검증하기로 유명한데 의아했어요. 후에 알

게 된 사실은 서울교육대에 근무하는 교수님께서 추천해 주신 겁니다. 그럼 교수님은 주변에 능력 있는 분이 많았을 텐데, 왜 저를 강력하게 추천해 주신 걸까요? 아마 제 강연을 들은 경험이 있어서일 거예요. 그런데 저는 그 이유가 다른 데 있다고 생각해요. 제가 강연할 때마다, 방송에 출연하고 싶다는 절실한 소망을 누누이 언급한 덕분이라고요. 만일 그런 적극적인 어필이 없었다면, 방송 출연 기회를 얻지 못했을 겁니다.

우리 자녀에게도 이렇게 하도록 지도해 주세요. 가능하면 많은 사람 앞에서 자기의 꿈을 당당하게 선언할 수 있도록 이끌어 주세요. 놀랍게도 그 순간부터 그 꿈이 살아서 꿈틀거리기 시작합니다. 왜냐하면 자기가 한 선언에 대한 책임이 생기거든요. 많은 사람 앞에서 선언하라는 의미는 단순합니다. 관심을 가지고 지켜보는 사람이 많아지면, 그만큼 책임감이 더 커집니다. 그리고 그 책임 의식은 자연스럽게 실행을 끌어들여요. 이런 이유로 〈비전로드맵 워크숍〉에서도 당당하게 선언하도록 강력히 요청합니다. 반드시 발표하도록 요청하는 두 파트가 있어요. 그중 하나가 바로 '상위 3% 브랜드 철학 세우기'입니다. 단순히 모둠별로 발표하는 것이 아니라 참가자 30명 앞에서, 그것도 강단 앞으로 나와서 선언하도록 합니다. 또 되도록 많은 참가자가 발표하도록 고도의 전략도 동원합니다.

"이제 여러분이 심혈을 기울여 작성한 상위 3% 브랜드 철학을 발표할 거예요. 그런데 충분한 시간이 허락되지 않아요. 아쉽지만 다섯 명만 발표할 수 있어요. 선생님이 방송에 출연하게 된 과정 들었죠? 여러분도 당당하게 자기의 멋진 브랜드 철학을 선언해 보세요. 그러면 여러분의 꿈이 생동감 있게 살아 움직이는 걸 경험할 거예요. 지금까지 선생님이 비전 교육 현장에서 만난 친구들이 3만 명이 넘어요. 그 친구들에게서 가장 많이 듣는 이야기가 '상위 3% 브랜드 철학 발표할 걸 그랬어요.', '집에 돌아와서 발표하지 못한 거 내내 후회했어요.'입니다. 자, 지금부터 누가 발표할까요? 선착순 다섯 명입니다."

그 후의 반응은 말하지 않아도 예상되지요? 여기저기서 도전을 외칩니다. 30명이 참가할 경우, 약 7명이 지원해요. 드디어 고대하던 발표가 시작됩니다. 큰소리로 한 문단을 발표하고 나면 참가자 모두가 박수로 응원하고 격려합니다. 저 역시 "너무 멋진 비전이네요. 직업 대상과 비전사명이 분명해서 반드시 꿈을 향해 달려갈 거라고 확신해요. 지민이의 비전 역량 점수 95점 드릴게요."라며 의지를 북돋아 줍니다. 발표가 계속 이어지죠. 각본대로 다음 발표자 두 명의 비전 역량 점수는 95점, 네 번째 발표자부터 96점으로 상향 조정합니다. 마지막 일곱 번째 발표자 점수를 97점을 주죠. 그리고 아직 발표하지 않은 친구들을 자극합니다. "혹시 97점을 깰 지원자가 없을까요? 아직 늦지 않았어요. 시간은 없지만 두 명에게만 기회를 더 드릴게요. 마음속으로 망설이고 있는 친구들은 집에 가서 반드시 후회합니다. 누가 해볼까요?" 순식간에 추가 도전자 3명이 나옵니다. 이런 방식으로 최소한 참가자의 50%에 해당하는 아이들을 발표하도록 유도하는 거예요. 끝에는 잊지 않고 사과 멘트로 마무리합니다.

"여러분, 미안합니다. 사실 선생님이 여러분에게 매긴 비전 역량 점수는 아무 근거가 없어요. 이해해주세요. 단지 여러분이 한 명이라도 더 발표할 수 있게 독려하는 목적, 그 이상도 그 이하도 아니에요. 감히 누가 여러분의 숭고한 비전에 점수를 매길 수 있겠어요."라고 말이죠.

나의 꿈이 너무 소중해서 가슴속 깊이 고이 간직해 두는 것이 아니라, 밖으로 끄집어내서 당당하게 선언하는 것이 중요합니다. 만일 지금 품고 있는 꿈이 있다면, 당당하게 선언해보세요. 가능하면 많은 사람 앞에서 어필하세요. 그리고 살아 숨 쉬는 꿈틀거리는 꿈을 만나보세요.

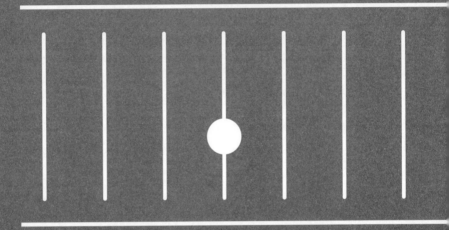

제4장

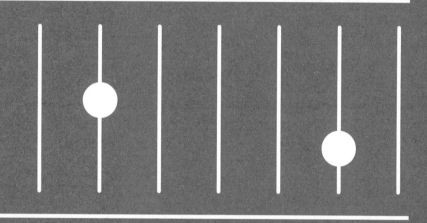

진화하는 꿈을 설계하는
비전로드맵 2단계

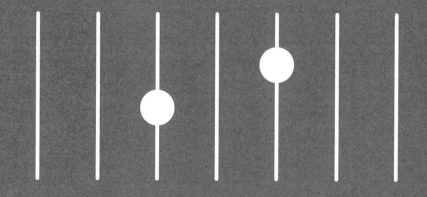

1
—

롤모델을 찾아서
딛고
넘어서라
—

"좋은 예술가는 따라 하지만, 위대한 예술가는 훔친다." 피카소가 한 말입니다. 당신의 롤모델은 누구인가요? 아니, 롤모델이 존재하나요? 닮고 싶은 사람이기도 하고, 되고 싶은 사람일 수도 있어요. 여러분 주변에 있는 잘 아는 누군가일 수도 있지만, 한번도 만나본 적 없는 인물일 수도 있어요. 선배일 수도 후배일 수도 있고, 이미 세상을 떠난 사람일 수도, 같은 시대를 살아가는 사람일 수도 있겠죠. 같은 분야일 수도 있고, 다른 분야 사람일 수도 있어요. 롤모델은 각자 정하기 나름입니다. 중요한 것은 롤모델은 반드시 찾으라는 것입니다. 가장 이상적인 롤모델은 가까이할 수 있어서 멘토로 삼을 수 있는 사람입니다.

　　잠시 상상해 볼까요? 여러분이 빌 게이츠와 파트너가 되었어요. 그가 회사를 세우고 마이크로소프트를 세계에서 가장 큰 기업으로 키운 노하우를 총동원해 도와줍니다. 그렇게 된다면 여러분은 얼마나 성공할 수 있을까요? 워런 버핏이 여러분에게 주식투자를 조언해요. 그가 버크셔 해서웨이를 1,400억 달러나 되는 기업으로 성장시킨 방법을 자문합니다. 아침에 일어나 헬스장으로 갔어요. 전속 트레이너 아놀드 슈왈제네거가 기다리고 있지요. 그가 역대급으로 멋진 몸매를 만드는 법을 가르쳐줍니다. 생각만 해도 흐뭇하지 않나요? 롤모델은 우리 인생에 직·간접적으로 큰 영향을 줄 수 있는 존재입니다. 많은 사람이 롤모델에게서 영감을 얻고 동기부여를 받아요. 그만큼 롤모델이 중요한 이유입니다.

　　혹시 알고 있나요? 우리가 알고 있는 위대한 인물들 또한 롤모델을 멘토로 섬기며 성장했다는 사실을요. 아인슈타인에게도 롤모델인 멘토가 있었어요. 매주 목요일, 멘토와 점심을 먹으면서 성장했다고 합니다. 래퍼 제이지도, 오프라 윈프리도 심지어 간디도 멘토가 있었다고 해요. 빌 게이츠에게는 폴 앨런이, 워런 버핏에게는 벤저민 그레이엄이 롤모델이며 멘토였다고 합니다.

　　롤모델을 반드시 찾으라고 했지만, 롤모델이라고 해서 무작정 닮아가야 할 대상은 아니라고 생각해요. 닮아가는 수준을 넘어야 합니다. 그를 능가하고 넘어서는 대상으로 설정하세요. 아니면 롤모델과 다른 방식으로 자기만의 성취를 이루려고 노력하세요.

손흥민은 크리스티아누 호날두를, 김연아는 미셸 콴을, BTS 는 마이클 잭슨을, 빈센트 반 고흐는 밀레가 롤모델이라 합니다. 여 기서 언급한 손흥민, 김연아, BTS, 빈센트 반 고흐의 공통점이 있어 요. 아주 흥미로운 공통점입니다. 한 번 찾아보세요. 그것은 바로 자 기가 선정한 롤모델을 이미 능가했거나, 곧 그 이상으로 넘어설 가 능성이 크다는 점이에요. 단순히 롤모델을 닮아가려 하는 것에서 그치지 않고, 그들을 능가하거나 자기 분야에서 롤모델과 다른 방 식으로 성취를 이루기 위해 묵묵히 최선을 다하는 사람들이죠.

불멸의 화가, 영원의 화가, 태양의 화가라고 불리는 빈센트 반 고흐의 예를 한번 살펴볼게요. 그의 롤모델은 밀레였다고 합니다. 어느 날 잡지에서 장 프랑수아 밀레의 목판화를 보고, 고흐는 색을 입히고 자기만의 그림을 그리게 되었다고 해요. 처음에는 밀레 그 림을 따라 그렸는데, 나중에는 밀레의 삶을 닮고 싶어 탄광촌 생활 까지 경험했다고 합니다. 직접 만난 적도 없지만 자신이 그토록 되 고자 하는 밀레를 롤모델로 설정하고, 그와 같이 생각하고 결심하 고 그의 행동까지 닮아가도록 노력한 거예요. 숱한 고통과 좌절 속 에서도 그는 밀레를 롤모델로 삼아 작업에 몰두합니다. 그리고 10 년이라는 짧은 기간 동안 무려 879점의 회화와 1,100여 점의 스케 치를 남겼어요. 결국, 그는 롤모델을 뛰어넘어 자기만의 독특한 화 풍으로 세계적인 화가가 됩니다.

저는 손흥민 선수와 BTS에게서 빈센트 반 고흐가 보입니다. 머지않은 시기에 그들의 롤모델을 능가하고 자기 분야에서 전설이 될 거라 확신하기 때문이에요.

〈비전로드맵 워크숍〉 현장에서 아이들에게도 롤모델이 있는 지 질문합니다. 그런데 롤모델이 있는 아이들이 5% 미만이에요. 강연장에서 만난 부모님들 또한 비슷합니다. 롤모델의 필요성을 그다지 중요하게 느끼지 못하는 것 같아요. 하지만 위에서 보여드린 것처럼, 자기 분야에서 위대한 업적을 남기는 사람 대다수가 롤모델을 섬기며 성장했어요. 롤모델을 찾는 것이 중요합니다. 롤모델은 한 명일 필요는 없어요. 분야별로 4명 정도 선정하는 것이 좋아요. 자기 관심 분야에서 어떤 성장을 하고 싶은지, 먼저 생각해보세요. 그리고 연관된 책을 찾아서 읽어보세요. 책 속에서 여러분은 빌 게이츠도 워런 버핏도 롤모델로 만날 수 있어요. 책 속에서 닮고 싶거나 존경하는 사람을 분야별로 한 명씩 골라보세요. 4명을 선정했다면, 그 사람을 좋아하는 이유 또는 어떤 부분에서 영감을 얻고 배우고 싶은 지를 하나씩 적어보세요. 이런 방식으로 독서를 통해 롤모델을 확장하는 방법은 우리 자녀뿐 아니라 부모님에게도 유용합니다.

자녀가 롤모델을 찾아보고 선정하도록 도와주세요. 롤모델을 무작정 닮아가고 따라가려고 노력하는 아이가 아니라, 그를 능가하거나 그와는 다른 방법으로 자기만의 성취를 이루도록 이끌어주세요. 롤모델을 활용하며 자녀가 무언가가 되기 위해 열심히 달려가다 보면, 시간이 흐르면서 스스로 만들어낸 고유한 모습으로 세상에 하나뿐인 Only One 브랜드를 가진 전문가가 되어 있을 겁니다. 그때가 되면 아이 또한 누군가의 롤모델이 되어주라고 가르치세요.

2

—

비전에
기름을
부어라

—

상위 3% 브랜드 철학을 친구들 앞에서 발표하는 것은, 서로에게 신선한 자극제 역할을 합니다. 동시에 워크숍 현장 분위기를 뜨겁게 달굽니다. 도전을 외친 5명의 발표가 끝나면, 또 다른 방법으로 추가 발표를 유도했어요. 발표를 마치고 나면, 새롭게 준비된 백지 한 장을 마주합니다. '비전에 기름 붓기' 활동을 하기 위해 제공된 것입니다. 비전에 기름 붓기는 두 가지 활동을 포함합니다. 하나는 '수치로 표현하는 나의 비전'이고, 또 다른 하나는 '30년 먼저 나온 나의 명함 기획하기'입니다.

먼저 수치로 표현하는 나의 비전은 "지금부터 설명을 잘 듣고 여러분 앞에 놓인 백지 위에 수치로 표현해 주세요. 단, 오래 고민하지 마세요. 딱 3초만 생각하고 즉각 숫자를 써 주세요."라는 안내에 따라 시작됩니다. 그리고 질문이 주어집니다. "지금으로부터 30년 뒤, 나로 인해 먹고사는 사람들을 숫자로 표현해 주세요. 여기서 나로 인해 먹고산다는 의미는, 내가 직접 돈을 벌어 부양하는 사람 숫자만 의미하는 것이 아니에요. 직·간접적으로 나의 도움을 받는 사람의 수입니다. 예를 들어 한 의학연구원이 감기 치료제 신약을 개발했어요. 특허권을 갖게 되면 세계적인 부자가 될 수 있지요. 그런데 그 친구가 자기 권리를 많은 사람을 위해 과감하게 포기합니다. 대신 누구나 구매할 수 있는 값싼 금액으로 개발한 신약을 공급하죠. 그럴 경우 그 친구로 인해 혜택을 받는 사람의 수를 적어보는 거예요. 자, 이해했나요? 다시 한번 질문할게요. 30년 후, 내가 가진 재능으로 혜택을 볼 수 있는 사람의 수는 몇 명인가요? 3초 안에 적어주세요."라고 한 후, 3초 뒤 펜을 내려놓게 합니다.

숫자로 말하는 나의 미션?

지금부터 30년 뒤
나로 인해 먹고 사는 사람의   명
숫자를 적어보세요.

근거를 제시해 주세요.

잠시 긴장이 흘러요. 이어서 무작위로 지목해 발표하게 합니다. 그런데 언제나 재미있는 현상이 발생해요. 제일 먼저 발표하는 친구가 중요합니다. 첫 번째 아이가 말한 숫자에 따라 다음 발표자의 숫자가 영향을 받아요. 첫 발표자가 한 명이라고 하면, 이어지는 친구가 말하는 숫자는 소폭으로 증가합니다. 반면 2천 명 정도로 시작하면, 두 번째 친구는 2만 명, 그다음은 20만 명으로, 수치가 기하급수적으로 늘어납니다.

저는 그 순간을 놓치지 않고 개입합니다. "200만 명, 참 멋지네요. 우리 모두 박수 쳐줄까요? 자, 박수받은 유현이는 일어나 주세요. 유현이 덕분에 먹고사는 사람 숫자가 200만 명이라고 했습니다. 그렇다면 200만 명이라는 수치가 나온 근거를 선생님과 친구들에게 설명해주세요." 이렇게 하면 아이들 반응은 어떨까요? 가끔 근거 없는 자신감으로 거침없이 발표하는 친구들이 있는데, 그날도 유현이의 반응이 궁금해 질문했습니다. 그랬더니 유현이는 "저는 약학과를 졸업해 제약회사 연구소장 겸 CEO가 될 거예요. 최종적으로 제가 설립한 연구소에서는 메르스와 같은 전염병을 치료하는 신약을 개발할 거고요. 개발한 신약은 선진국에는 정당한 비용을 받고 판매해 회사를 성장시키고, 아프리카나 가난한 제3 세계 국가에는 치료제를 기부할 생각이에요. 그러니 200만 명은 적게 잡은 수치입니다. 더 많은 사람에게 혜택을 줄 거니까요."

순간 함께 워크숍에 참여한 친구들은 '뭐야, 우리 기죽이러 왔나?'와 같은 생각을 할 수도 있지만, 엄청난 도전과 자극을 받습니다.

다음으로 이어지는 활동은 30년 먼저 나온 나의 명함 기획하기입니다. 이지성 저자의 『꿈꾸는 다락방』을 통해 널리 알려진 'R=VD'라는 공식 들어본 적 있나요? 'Vivid Dream', 생생하게 꿈꾸면 이루어진다는 의미지요. 자기가 세운 비전을 시각적으로 자주 보면서 의지를 되새기는 좋은 방법이에요. 이런 목적으로 30년 먼저 나온 나의 명함 만들기를 적절하게 활용합니다.

성인의 명함과 달라야 합니다. 무엇보다 핵심은 비전사명이 잘 드러나도록 명함을 기획하는 거예요. 자기만의 멋진 비전을 생생하게 되새길 수 있는 차별화된 명함을 만드는 것이 목적입니다. 사례 하나 보여드리겠습니다.

30년 후 최종적으로 이루고 싶은 꿈과 비전을 생생하게 그리는 것이 제일 중요해요. 목표 의식이 희미해질 때, 다시 나를 일으켜 세워주는 자극제가 필요하기 때문입니다. 이때 자극제 역할을 하는 것이 바로 비전에 기름 붓기인 거예요. 〈비전로드맵 워크숍〉에서 두 가지 활동을 모두 체험합니다. 하나는 '30년 후 나로 인해 먹고 사는 사람은 몇 명인가요?'에 대한 질문에 답하는 것과, 나머지 하나는 30년 먼저 나온 나의 명함 만들기입니다.

모든 열정이 식어가듯 가슴 설레는 꿈과 비전도 서서히 희미해질 수밖에 없습니다. 꿈이 서서히 식어갈 때 다시 나를 일으켜 세워주는 장치가 필요해요. 비전에 기름 붓기와 관련된 두 가지 활동은 식어가는 비전과 열정을 다시 되살리는 장치로 유용합니다. 잘 활용하면 분명 큰 효과 있으리라 확신합니다.

3

—

성공하는 사람의 비전로드맵 기획을 따라 하라

—

오전 워크숍에서 '꿈의 목록'을 작성했습니다. 〈비전로드맵 워크숍〉에서 다루는 꿈의 목록 작성은 독특한 방식으로 접근했어요. 단순히 이루고 싶은 꿈의 목록을 작성하는 것만으로 큰 도움이 되지 않기 때문이에요. 그래서 먼저 비전사명부터 설정하고, 비전사명을 이루는 데 필요한 자질과 역량에 초점을 맞추었어요. 목표를 향해 가는 과정에서 준비해야 할 목록 중심으로 선별한 거죠. 거기서 끝나지 않고 세부 목록에 중요도와 마감 기한, 진행 여부도 표시했어요. 이어지는 두 번째 파트에서 상위 3% 브랜드 철학을 만들고 발표하는 시간도 가졌습니다.

오후 워크숍은 비전을 시각화하는 시간이에요. 제목을 정하고, 설계도를 그리고, 비전로드맵 제작으로 이어집니다. 비전을 시각화하는 로드맵 제작은 온전히 오전 시간에 다룬 내용을 담아 반영해야 합니다. 그런 의미에서 제작보다 기획이 더 중요해요. 왜냐하면 로드맵을 제작하는 것으로 끝나는 것이 아니라, 마지막 단계에서 완성된 로드맵을 가지고 발표를 하는 것까지 연계해야 하기 때문입니다. 따라서 먼저 기획 과정을 거치고, 설계도를 작성한 후, 제작하는 순서가 효과적이에요. 이제, 기획 과정을 살펴보기 위해 워크숍 현장으로 초대할게요.

"지금부터 꿈을 시각화하는 비전로드맵 제작 시간입니다. 선배가 제작한 사례를 한 번 볼까요? 비전로드맵 제작은 순서가 중요해요. 제작하기 전 기획하고 설계도를 그리는 과정이 필요합니다. 기획할 때 무엇을 가장 먼저 해야 할까요? 선배의 비전로드맵에서 눈에 들어오는 것이 무엇인가요? 종이신문의  헤드라인 역할을 하는 것인데요. 네, '혜지의 꿈의 지도'가 눈에 확 들어오죠? 비전로드맵에 제목을 붙인 거예요. 로드맵 제목은 마치 신문의 헤드라인과 같아요. 신문을 펼치는 순간 눈은 헤드라인에

머물게 돼요. 그리고 눈에 들어온 헤드라인이 관심 가는 내용이면 기사를 읽어 내려가요. 반면 그렇지 않으면 기사를 지나쳐 버리죠." 라고 비전로드맵 예시를 보여주며 제작하는 방법을 알려줍니다.

　"그럼 이제, 비전로드맵 제목을 기획해볼까요? 제목을 어떻게 붙여야 할지 고민해보세요. 사실 우리는 이미, 오전에 충분히 고민했어요. 조금 전 보여준 선배의 제목을 참고해서 표현해볼까요? 제목을 정할 때 중요한 팁 하나 알려드릴게요. 브랜드명이나 비전사명을 활용해보세요. '대한민국 대표 비전 디자이너 한수위의 비전로드맵'은 브랜드를 활용한 사례입니다. 앞서 보여준 것은 '요리로 감동을 전하는 혜지의 비전로드맵'으로 하면 좋겠네요. 이것은 비전사명과 연결한 제목이에요. 수영이의 비전사명은 '5만 명을 고용하는 중견기업 경영자'였지요? 그렇다면 수영이는 '20만 명의 생계를 책임지는 중견기업 CEO 송수영의 비전로드맵'정도가 좋겠네요. 몇 가지 더 예시해볼게요. 살펴보고 나만의 멋진 로드맵 제목을 선정해보세요." 이렇게 여러 예시를 들어주거나, 참여한 아이의 브랜드명 또는 비전사명을 활용해 이해를 돕지요.

	브랜드를 활용한 제목	비전사명을 활용한 제목
1	제2의 애드워드 권 요리연구가 정수용의 비전로드맵	꿈과 비전에 실행의 날개를 달아주는 비전 디자이너 한수위의 비전로드맵
2	손석희를 뛰어넘을 최고의 아나운서 한진서의 비전로드맵	제자들의 재능과 꿈을 찾아주는 영어교육 비전 멘토 차미현의 비전로드맵
3	대한민국 방송의 역사를 새로 쓸 최고의 PD 이규경의 꿈의 로드맵	소외된 이웃&사회적 약자에게 힘이 되어주는 인권변호사 양찬주의 비전로드맵
4	20년 후 대한민국 최고의 흉부외과 의사 김호준의 비전로드맵	한일 간 적대 관계를 상생으로 이끌 외교관 지현이의 비전로드맵
작성란		

두 번째 기획에서 점검해 보아야 할 사항은 비전로드맵에 반영할 내용을 선별하는 거예요. 비전사명과 연계해 꿈의 목록을 작성한 것 중 로드맵에 반영해야 할 내용을 구분하는 겁니다. 10대에서 40대에 이르기까지 작성한 내용 중, 가능하면 10개 내외로 선정하는 것이 좋아요. 아래 서식을 참고해서 활용해보세요.

시기	필수 항목 선택을 위한 체크포인트	꿈의 목록 또는 자질이나 역량 강화를 위한 도전	선택 유무
10대	희망하는 고교		
	어떤 대가를 지불할 것인가?		
	희망하는 대학/학과		
	어떤 대가를 지불할 것인가?		
20대	취업/창업/전문직		
	어떤 대가를 지불할 것인가?		
30대	취업/창업/전문직 – 어느 정도 성공한 위치에 있을까?		
	어떤 대가를 지불할 것인가?		
40대 ~50대	취업/창업/전문직 – 최종적인 목표를 이룬 시점		
	어떤 사회적 기여를 할 것인가?		
60대 이후	인생 마무리		
	사람들에게 어떻게 기억되고 싶은가?		

집을 잘 지으려면 설계를 잘해야 합니다. 그런데 설계를 잘하려면 좋은 기획이 필요해요. 어떤 집을 지을 것인가? 행복을 담고, 편안함을 안겨주는 집을 지으려면, 어디서부터 어떻게 설계해야 할까? 밑그림을 먼저 그리는 기획 과정이 중요합니다. 제작하기 전 어

쩌면 오전부터 진행된 모든 과정이 밑그림에 해당하는 기획인 셈이에요. 기획, 설계, 제작 과정을 충실히 따르지 않으면, 아이들은 로드맵을 제작할 때 방향성을 잃어버리곤 합니다. 그래서 단순히 꿈의 목록만 나열하는 결과로 이어지게 되는 겁니다.

성공하는 사람들의 비전로드맵은 기획부터 다릅니다. 신문의 헤드라인처럼 삶의 지향점을 나타내는 제목부터 신중하게 결정합니다. 또한, 단순히 이루고 싶은 꿈의 목록을 나열하는 것이 아니라, 비전사명과 연계해서 작성한 꿈의 목록 중 로드맵에 반영할 내용을 엄선합니다. 최종적으로 이루고 싶은 비전과 실행 목표를 담은 훌륭한 비전로드맵은 이렇게 충분한 기획을 통해 완성됩니다.

4

—

나만의
비전타운 건축가가
되어라

—

'뮤지엄 산'에 가본 적 있나요? 강원도 원주에 있어요. 제가 가장 좋아하는 친구가 추천해 준 곳이랍니다. 심미적 감성 역량이 탁월한 친구가 손수 안내해준 덕분에 제대로 감상할 수 있었어요. 자연과 문화가 어우러진 공간으로 휴식과 힐링을 경험할 수 있는 명소입니다. 장소가 가져다주는 아름다움뿐 아니라 예술적인 창조의 미를 느낄 수 있어 더 매력적인 뮤지엄 산. 최근 방영된 드라마 〈마인〉의 촬영지기도 합니다. 뮤지엄 산을 다녀와서 가보고 싶은 장소가 하나 더 생겼어요. 제주에 있는 '본태박물관'이에요. 본태박물관 또한 볼거리가 넘쳐서 아이들과 방문해도 최고입니다.

제가 뮤지엄 산을 보고 나서 왜 본태박물관을 가고 싶어졌을까요? 두 곳의 공통점 때문이에요. 두 건축물 모두 세계적인 건축가 '안도 다다오'의 작품이거든요. 노출 콘크리트와 기하학적인 디자인 구조물에서 인공적인 느낌이 강하게 풍기지만, 주변 자연과 조화를 이루는 독특한 매력을 가지고 있어요. 특히 물을 잘 활용해서 더 인상적이에요. 무엇보다 놀라운 사실은 건축가 안도 다다오는 건축을 전공하지도 않았는데, 건축계의 노벨상인 프리처커 상을 받았습니다.

뮤지엄 산과 본태박물관을 다녀오고 난 후 얼마 되지 않은 시기에 〈비전로드맵 워크숍〉이 열렸어요. 오후 일정은 비전로드맵 기획, 설계, 제작 과정입니다. 그런데 문득 건축가 안도 다다오 생각이 났어요. 그리고 떠올랐어요. '비전로드맵은 건축이다.' 건축가가 되어 자기만의 비전타운을 만드는 것이란 생각이 강하게 들었어요. 그래서 저는 두 곳을 방문해서 찍은 사진들을 아이들에게 보여주기 시작했어요.

"여러분, 오늘은 건축가가 되어보세요. 안도 다다오와 같이 멋진 건축물을 만드는 거예요. 무엇부터 해야 할까요? 어떤 건축을 할 것인지 기획부터 시작하세요. 다음으로 기획한 것을 바탕으로 설계도를 그리면 됩니다. 이어서 건축 자재를 준비하고, 본격적으로 건축을 시작합니다. 이제 건축가가 되어 자신만의 비전타운을 건축하는 거예요. 조금 전 여러분은 자기만의 비전타운을 어떻게 건축할

것인지 기획을 마친 겁니다. 이제 설계도를 그릴 차례예요. 어떤 형
태로 꾸밀지 프레임을 결정해보세요. 일반적으로 활용하는 형태를
소개해볼게요. 그러나 가능하면 주어진 형태를 활용하기보다 본인
이 직접 건축가의 시각으로, 독특한 설계도를 만들어보세요. 세상
에 하나밖에 없는 여러분만의 비전타운을."이라고 아이들에게 어
떤 마음가짐으로 비전로드맵을 작성해야 하는지 귀띔을 해줘요.

프레임을 그려라

형태: 단계별 제작

형태: 순서별 제작

형태: 기타 자유 아이디어

- 빨랫줄형
- 기차형
- 계단형 등

위에 제시한 형태와 선배들이 실제 제작한 비전로드맵 사례를
제시해 줍니다. 그럼, 아이들은 이것을 벤치마킹해 20분 동안 진지
하게 설계도를 완성하지요.

　　설계도를 완성하면 이제 핵심 자재를 준비해야 합니다. 아이들이 준비해야 할 필수 건축 자재는 무엇일까요? 무엇보다 영감을 주는 이미지를 수집하는 것이 중요해요. 기획 단계에서 로드맵에 반영할 콘텐츠와 관련된 이미지 목록을 작성해요. 전체적인 구상과 잘 맞아떨어지는 이미지를 신중하게 선택합니다. 예를 들어, 꿈에 그리는 대학에 들어가는 것이 목표라면 좋아하는 계절이 담긴 캠퍼스 사진을 찾거나, 해당 대학교 학생들의 활동이 담긴 사진을 선택하는 거예요. 30대에 가고 싶은 기업이 있다면, 해당 기업 사진을 미리 준비하는 것이 좋아요. 40대 후반이나 50대에 최종적인 꿈에 도달한 시기를 표현할 수 있는 이미지나 장소 사진도 필요하죠. 사회에 이바지하고 싶은 분야나 활동과 연관된 이미지도 포함합니다. 이런 방식으로 비전타운을 건설할 핵심 건축 자재를 하나하나 준비하면 됩니다.

　　비전로드맵을 완성해가는 과정은 건축가가 건축을 시작해서 완성 단계로 가는 것과 같아요. 자기만의 비전을 세운다는 것은 Only One 비전타운을 건축하는 거예요. 미래 사회를 주도해갈 핵심인재는 '꿈꾸고 연결하고 가치를 창출'하는 인재라는 사실 기억하시죠? 비전로드맵을 기획하고 설계하고 제작하는 과정에서, 건축가가 키워야 할 역량을 연결해 볼 수 있는 좋은 경험이기도 합니다.

어떤 비전타운을 건축하고 싶으신가요? 건축가의 시각으로 자기만의 비전로드맵을 기획하고 설계하고 제작하는 시간을 가져 보시길 바랍니다.

5

—

아이가
즐기도록
해줘라

—

"언제 시간이 이렇게 됐어요?", "우리 또 언제 만날 수 있나요?" 오후 서너 시가 되면 가장 많이 듣는 이야기입니다. 워크숍은 크게 4개의 파트로 구분되는데요. 한 파트, 한 파트 지날 때마다 아이들 표정이 달라집니다. 시작할 때 아이들은 대체로 굳은 표정으로 인상을 쓰고 있어요. 약간의 짜증 섞인 표정이 얼굴에서 보이지만, 전혀 걱정하지 않아요. 왜냐하면 두 번째 파트로 접어들면, 환한 미소로 바뀔 거란 확신이 있어서죠. 주로 어떤 아이들이 인상을 쓰고 있을까요? 본인의 의사가 아닌 부모님의 권유나 강요로 워크숍에 참가한 아이들이에요. 반면 자기의 의지로 참가한 아이들은 처음 표정부터 밝게 빛나죠.

이로써 '어떤 기대를 하고 참가하게 할 것인가?' 기대를 심어주는 것이 그만큼 중요합니다. 처음 분위기와 상관없이 오프닝에서 오늘 하루가 가지는 엄청난 의미에 대하여 어필합니다. 이 워크숍이 끝나면 어떤 변화가 있을지 기대를 불러일으키는 겁니다. 오프닝에서 설렘과 기대감을 주는 것이 관건이죠. 기대하는 순간부터 서서히 표정이 바뀌기 시작합니다. 경계심에서 진지함으로 말이죠. 첫 파트 마지막 부분에서 아이들은 수줍은 마음으로 손을 살짝 내밀어 화답합니다.

"아침 식사 하고 왔나요? 살짝 배가 고프죠? 그래서 선생님이 준비했어요. 지금부터 조장은 아주 신중하게 자기 조를 대표할 선수를 한 명 뽑아주세요. 조를 대표한 친구가 게임에서 미션을 통과하면, 모든 조원이 상을 받게 됩니다. 하지만 대표가 성공하지 못하면, 그 조의 팀원 모두가 오늘 점심 식사를 반납해야 해요. 게임은 아주 간단해요. 초코파이를 30초 내로 다 먹으면 통과하는 거예요. 조원들과 상의해서 대표선수를 뽑아도 됩니다. 공정한 게임을 위해 휴대폰 타이머를 30초로 맞춘 다음, 여러분 중 한 명이 시작을 누르세요. 시작 버튼을 누른 친구가 30초 경과 후, 멈춤을 외쳐주세요. 자, 준비됐나요? 시작!"

강연장 분위기가 술렁이기 시작합니다. 빨리 먹기 위해 한 번에 초코파이 전체를 입에 밀어 넣는 아이, 처음부터 손으로 눌러 부

피를 줄이려는 아이, 덤덤하게 시간과 관계없이 배고파서 나온 아
이의 모습을 보며 분위기는 달아올라요. 결과는 99% 실패입니다.
초코파이 속 마시멜로는 씹으면 씹을수록 부풀어 오르기 때문에,
30초 안에 다 먹기가 쉽지 않아요. 하지만 눈으로 보기에는 30초
안에 간단히 먹을 수 있을 거란 생각이 드는 거죠. 여기서 끝나지
않고 대표선수를 바꾸어 한 번 더 도전을 허락합니다. 결과는 마찬
가지입니다. 그쯤 되면 아이들이 반문합니다. "선생님, 이거 불가능
한 게임 제안하신 거죠? 선생님이 직접 해보세요. 선생님이 성공하
면 우리가 진 것 인정할게요."라고요.

아이들의 성화에 못 이기는 척 제가 도전합니다. 결과는 당연
히 성공입니다. 23초에 해결합니다. 아이들은 모르겠지만 부단히
연습한 결과입니다. 이 사실을 알 리 없는 아이들은 순간 믿을 수
없다는 함성을 지릅니다. 게임에 참가하지 않은 아이들에게도 초코
파이를 하나씩 나눠주고 도전을 권유하곤 합니다. 이렇게 잠시 진
행한 초코파이 게임이 분위기를 바꿔놓죠. 놀라운 변화가 찾아와
요. 앞에서 워크숍을 진행하는 선생님이 아이들과 함께 어우러져
게임을 하며 망가지는 모습을 보여주는 순간, 분위기는 급반전됩
니다. 거리감이 사라지고 급격하게 친근해집니다. 이때부터 친밀한
소통은 가속도가 붙어요. 잠시 휴식 시간을 갖고, 다시 만난 두 번
째 파트 워크숍은 공기부터 달라집니다. 인상 쓰고 있던 아이들 얼
굴에도 화색이 돌지요. 적극적인 소통과 진지함이 어우러진 독특한

분위기가 연출됩니다.

세 번째 파트는 2시간에 걸쳐 비전로드맵을 제작합니다. 일종의 미술 시간이에요. 사진을 오리고 글씨를 쓰는 아이들 표정에, 행복한 미소와 진지함이 함께 합니다. 삶의 목표를 한 장의 큰 그림에 담는 행위를 제대로 즐기고 있어서예요. 이때 주어진 시간 안에 제작을 마무리하도록 중간중간 시간을 체크해 알려줍니다. "종료 50분 전, 지금쯤 설계도는 완성해야 할 시간입니다.", "종료 30분 전, 이제 설계도에 따라 큰 구도를 잡고 기둥을 세우는 작업을 마쳐야 할 시간이에요.", "종료 10분 전, 이제 서서히 마무리 들어갑니다." 처럼요. 교육 막바지를 달려가는 걸 아는 아이들은 "선생님, 시간이 너무 빨리 가요. 시작한 지 한 시간 지난 것 같은데 벌써 오후 4시예요.", "우리 언제 또 만나요? 다음번에는 어떤 교육을 해주시나요? 꼭 다시 와 주세요."라며 각자의 아쉬운 마음을 담아 표현하지요.

어떻게 이 짧은 시간에 아이들 마음과 표정이 바뀔 수 있다고 생각하시나요? 이유는 간단합니다. 자기 자신이 주연배우이기 때문이에요. 조연배우나 엑스트라가 아니라, 온전히 자기가 주인공이 되어 있어서예요. 공부가 아니라 자기를 주인공으로 만드는 행복한 고민이란 걸 본능적으로 느끼는 거죠. 온전히 즐기는 덕분에 시간 가는 줄 모릅니다. 함께 8시간을 보내고도 그 시간이 아쉬워 언제 다시 볼 수 있는지 물어옵니다.

이런 이유로 저 역시 이 일을 즐기는 것 같아요. 보람을 느끼거든요. 워크숍을 시작하면 8시간이 언제 지나갔나 싶을 정도로 빠르게 지나갑니다. 싱글벙글한 아이들의 표정을 보며 제가 흐뭇하게 웃고 있을 때, 아이들이 제게 다가와 말하곤 합니다. "선생님, 행복해 보여요.", "일을 즐기는 모습 참 보기 좋아요."라고 말이죠.

소중한 자녀가 자기의 삶을 즐기는 행복한 미래를 살아가길 원하시죠? 세상이란 큰 무대에서 주연배우로 살아갈 수 있도록 도와야 합니다. 자기의 분야에서 행복한 전문가로 성장하려면, 청소년 시기에 진지한 고민의 시간이 필요합니다. 무엇에 관심이 많은지 지켜봐 주세요. 어떤 주제에 관련해서 시간 가는 줄 모르고 즐기고 있는지, 자기가 신나서 즐길 수 있는 분야가 무엇인지 함께 고민하며 찾아주는 노력이 필요합니다.

6

—

꿈을 실행으로
연결시키는
비전로드맵
시크릿 활용법

—

비전로드맵 제작이 끝나는 대로 로드맵을 들고 사진을 촬영해요. 촬영을 마치면 '비전로드맵 전시회' 모드로 진열합니다. 갤러리 워크을 하는 거죠. 아이들 한 명 한 명 손등에 작은 별 모양의 스티커를 하나씩 붙여줍니다. 아이들에게 전시회를 관람하듯 갤러리 워크을 하면서 가장 잘 완성된 작품 위에 스티커를 붙여달라고 요청합니다. 이때 본인의 것에 스티커를 부착하면 반칙인 거예요. 마지막에 가장 많은 스티커가 부착된 로드맵이 그날의 '비전로드맵 작품 대상'으로 선정됩니다. 전시된 로드맵 작품을 보면서 새로운 영감을 얻기도 하지만, 서로의 비전을 격려해 주기도 합니다. 가끔 전시된 비전로드맵 앞에 A4용지를 한 장씩 부착해둡니다. 갤러리 워크을 하면서 작품 앞에 놓인 용지에 격려와 응원 메시지를 적어주는 거예요.

2014년 경기도 시흥에 있는 한국조리과학고 학생들을 대상으로 〈비전로드맵 워크숍〉이 열렸어요. 한국조리과학고는 요리계의 과학고로 우수한 학생들이 다니는 학교입니다. 세계적인 요리사를 꿈꾸는 아이들의 비전이 훌륭해서 기억에 생생하게 남아 있어요. 아이들은 주로 특급호텔 조리장을 꿈꾸고 있습니다. 참고로 특급호텔 조리장은 직급이 부사장이라고 합니다. 이미 이 학교 출신 선배들이 조리장으로 많이 진출해 있어, 후배들에게도 꿈과 용기를 주고 있었어요. 당시 12월이라 고3 학생들을 제외하고 전교생을 대상으로 비전워크숍을 진행했어요. 워크숍을 마치고 학생들이 완성한 비전로드맵 작품을 요리동에 전시했어요. 1층부터 5층까지 원형으로 연결된 계단을 따라 올라가면서 전시했는데 장관이었답니다. 그리고 아이들 로드맵 작품 위에 A4용지 절반 크기의 백지를 한 장씩 붙여 놓았어요.

이후 놀라운 일이 발생했습니다. 그 학교 아이들이 우상처럼 생각하는 특급호텔 조리장 선배들이 학교를 방문할 때, 선배들에게 후배들 비전로드맵 작품에 격려의 메시지를 써 달라고 교장 선생님께 부탁을 드렸습니다. 교장 선생님께서 그 부탁을 기억해주셨고, 선배들은 기꺼이 후배들을 위해 격려의 메시지를 남겨 주었죠. 그때 아이들 모습이 지금도 생생해요. 아이들에게 얼마나 큰 힘이 되겠어요. 자기의 롤모델인 선배가 직접 격려의 메시지를 남겨 준 거예요. 아이들의 반응은 상상 이상이었어요.

〈보물지도〉를 포함한 몇몇 비전 프로그램을 살펴보았어요. 비전보드를 벽에 붙여두고 매일 5분 정도 보면서 꿈을 생생하게 기억하라고 조언합니다. 〈비전로드맵 워크숍〉에 참가한 아이들에게도 같은 것을 제안했어요. 그런데 지인의 자녀나 가까이에 거주하는 아이들을 보면, 길어야 한두 달 정도 보이는 곳에 전시해 두었다가 치워버리곤 합니다. 아마 비슷한 경험을 한 분이 많을 거예요. 성인을 대상으로 진행해도 비슷합니다. 공들여 제작하는 것은 시각화해서 생생하게 꿈을 되새기려는 의도인데, 지속성이 약해 오래가지 못하는 거예요. 다른 좋은 방법이 없을까 고민합니다.

그때 바로 한국조리과학고 아이들 생각이 났어요. 그 아이들의 우상인 선배들에게 격려와 지원의 메시지를 받은 로드맵은 아이들이 애지중지했어요. 하지만 비전로드맵 작품은 비교적 크기가 커서 오랫동안 간직하기가 사실상 불편합니다. '크기를 줄여서 보관할 방법은 없을까?', '꼭 이 형태를 고집할 필요가 있을까?', '문제의 핵심은 꿈이 희미해지거나 사라지지 않도록 관리하는 것 아닐까?' 등의 고민을 하게 되죠. 이 고민에서 탄생한 것이 '30년 먼저 나온 명함'입니다. 앞면에 30년 먼저 나온 명함을 만들고, 뒷면에 비전로드맵을 사진으로 넣어주는 기획을 합니다.

아이들에게 명함은 어떤 의미로 다가올까요? 생각한 것보다 훨씬 강력한 영향력을 가지고 있어요. 일단 또래 친구들은 명함을 가진 아이가 없어요. 일반적인 명함도 아니에요. 30년 먼저 나온 나의 명함입니다. 최종적으로 이루고 싶은 꿈이 이미 이루어진 시점을 반영한 명함입니다. 뒷면을 넘기면 나의 비전로드맵 사진이 자리하고 있어요. 가지고 다니면서 만나는 사람들에게 주고 싶은 거예요. 비전로드맵 작품이 부피가 커서 관리하기 힘든 친구들은, 비전로드맵을 30년 먼저 나온 명함으로 만들어 활용하는 것이 훨씬 효과적이었어요.

사실상 비전로드맵을 반영한 30년 먼저 나온 명함은 상상 이상으로 훨씬 더 강력하게 활용할 수 있습니다. 팁을 하나 더 공유해 드릴게요. 이 명함을 잘 활용하면 각계각층의 훌륭한 멘토를 비교적 쉽게 만들 수 있어요. 자기가 생각하는 롤모델이나 각종 강연에서 만나는 전문가들과 명함을 교환하는 거예요. 소통하며 멘토로 삼고 싶은 저자나 선생님, 그리고 교수님들 강연을 찾아서 들어보세요. 강연을 마치고 나서 인사를 하고, 정중하게 명함을 교환하는 거죠. 명함을 받은 강연자는 어떤 생각을 할까요? 30년 먼저 나온 명함을 받아들고, 강한 인상을 받게 됩니다. 그만큼 기억에 진하게 남을 수밖에 없어요. 이후에 어떤 조언을 구하거나 도움이 필요할 때 연락하면 분명히 기억할 거예요. 이미 전에 잘 알고 지낸 사람처럼 반갑게 맞이할 확률이 높아요. 최고의 전문가들을 멘토로 둔 친구는 성장 가능성이 커질 수밖에 없어요. 물론 명함을 교환하고 소통하는 과정에서 대인 관계 역량도 확장됩니다.

비전로드맵을 잘 기획하고 설계해서 제작하는 것이 중요합니다. 그러나 그보다 더 중요한 것은 그것을 잘 활용하는 거예요. 꿈을 생생하게 관리하는 지혜가 필요합니다. 마치 일회성 행사로 비전로드맵을 만들고, 머지않아 폐기해 버리는 거라면 큰 도움이 되지 않아요. 자녀와 함께 충분한 시간을 두고 비전로드맵을 기획하고, 설계해서 만들어 보세요. 그 결과물로 자녀의 30년 먼저 나온 명함을 만들어 보세요. 자녀가 꿈을 생생하게 관리하는 목적으로, 꿈을 한 단계 더 진화시키는 효율적인 방법으로 활용해 보길 바랍니다.

7

—

두 개의
떨림을
활용하라

—

제가 다른 학교로 전학한 지 1년이 지날 무렵 초등학교 5학년 때였어요. 선생님께서 교내 웅변대회에 참가할 지원자가 있는지 물었어요. 그때 무슨 바람이 불었는지 주저 없이 손을 들었습니다. 준비기간 2주 동안 원고를 쓰고 틈틈이 외우며 준비했어요. 드디어 교내 웅변대회 날, 참가자 15명 중 7번째가 제 순서였어요. 서서히 긴장이 몰려오기 시작하더니 순서가 가까워져 올수록 긴장은 극도의 공포로 변해갔어요. 아니, 진한 후회로 이어졌어요. '도대체 이렇게 떨리고 공포스러운 일을 왜 선택했을까? 그것도 한 치의 망설임도 없이 자발적으로 말이야.' 긴장과 떨림은 제 순서 바로 앞 6번째 참가자가 연단에 올랐을 때, 극에 도달했어요. 이제 되돌릴 수 없는 제 차례가 되었어요. 학교 운동장 앞에 있는 연단 위로 올라갔어요. 줄지어 앉아있는 전교생의 모습조차 눈에서 희미해져 갔어요. 심한 떨림으로 목소리 음색은 갈라지고 온몸에 떨림 현상이 나타나기 시작했죠. 그런데 놀랍게도 원고지 1쪽 부분을 마칠 때쯤, 믿을 수 없을 만큼 마음에 평온이 찾아왔어요. 앞에 있는 청중들의 표정 하나하나가 눈에 들어오면서 연설에 호응하는 분위기를 감지할 수 있었어요. 심지어 청중과 하나 되는 느낌을 즐겼죠. 분위기가 너무 좋았어요. 그런데 원고지 6쪽 부분쯤 가고 있을 때, 갑자기 머릿속이 하얘졌어요. 외웠던 원고 내용이 전혀 생각나지 않는 거예요. 갑자기 발생한 상황에 당황했어요. 원고를 외우고 진행했기 때문에 어디서 끊긴 건 지 찾는데 무려 15초 이상 시간이 지난 것 같아요. 고요함 속에 흘러버린 정적의 시간 15초는 일종의 대형 방송 사고 같았어요. 순간 머릿속이 복잡했어요. '여기서 포기할까? 아니야, 그래도 나머지 부분을 찾아서 마무리해야지.' 이미 망친 거지만 끝까지 마무리하기로 합니다. 남은 부분을 찾아서 연설을 끝내고 연단을 내려왔어요. 그런데 그 순간 아주 중요한 한 파트를 빠뜨린 부분이 생각났어요. 지금 같으면 '어차피 망친 웅변인데 모르겠다.' 하고 포기했을 거예요. 그런데 그때, 어디서 그런 용기가 났는지 모르겠어요. 다시 무대로 올라갔습니다. "아 참! 빠뜨린 것이 있네요." 하면서 나머지 못했던 연설을 마무리했어요. 그리고 연단을 내려오는데, 선생님들과 청중들이 다른 참가자보다 더 힘찬 박수와 환호로 응원해 주는 거예요.

웅변대회를 마치고 담임 선생님이 부르셨어요. "너는 너무 훌륭한 웅변가가 되겠어. 이 분야에 재능이 있어. 혹시 오늘 실수 때문에 실망해서 다시는 웅변 따위 안 한다는 생각은 하지 않았으면 좋겠어. 오늘 실수가 오히려 너를 대담한 연사로 성장시켜 줄 거야. 끝까지 포기하지 않고 심지어 연단에 다시 올라가서 마무리하는 것을 보면, 너는 분명 강연가가 가져야 할 두둑한 배짱까지 가지고 있어. 내년 대회에도 꼭 참가해. 선생님은 널 응원하며 기대하고 지켜볼 거야."라고 하는 거 아니겠어요? 만일 그때 선생님의 격려가 없었다면, 그 이후 결코 다시 웅변대회에 참가하지 않았을 거예요. 어찌 보면 그 당시 선생님의 격려와 믿음이 지금의 강연가 한수위를 만들었다고 생각합니다. 저는 그 사건(?)이 있고 난 후, 학교 대표로 전국대회까지 참가하며 무대 공포증을 어린 나이에 다스리는 법을 배울 수 있었어요.

〈비전로드맵 워크숍〉 네 번째 파트는 프레젠테이션 면접입니다. 발표를 앞둔 아이들 모습에서 초등학교 5학년 당시 저의 모습을 발견해요. 아이들은 많은 사람 앞에서 프레젠테이션을 해 본 경험이 별로 없어서 피할 수만 있다면 피하고 싶어 합니다. 가끔 몇몇 아이들이 다가와서 부탁하곤 합니다. "선생님, 저 다른 것은 다 적극적으로 할게요. 제발 마지막에 진행하는 발표만 하지 않게 해 주세요. 제발 부탁이에요. 떨려서 도저히 못 하겠어요."라고요. 이런 부탁을 해올 때마다 저의 대답은 항상 같습니다. "좋아, 발표가 부담스러우면 안 해도 괜찮아. 하지만 선생님이 확신해. 너는 반드시 멋지게 발표할 거야. 막상 그 시간이 되면 발표하고 싶어질 거야. 왜냐하면 하나밖에 없는 가슴 설레는 꿈이라 당당하게 선언하고 싶거든. 또 선생님이 이야기했지? 당당하게 선언하는 순간 그 꿈이 살아서 꿈틀거린다고. 선생님 경험상 99.9% 친구들이 그 시간이 되면 다 멋지게 발표했어. 그런데도 그 시간이 돼서 정말 못하겠다면, 너의 의견 존중해 줄게."라고 웃으며 승낙 아닌 기대감만 전달합니다.

사실입니다. 아이들은 발표하기 전 피하고 싶어 해요. 그만큼 두려워하는 친구도 많아요. 하지만 자기의 하나밖에 없는 멋진 비전을 발표하는 순간에는 두려움의 떨림과는 분명 다른 종류의 설렘과 떨림이 공존합니다. 생각해 보세요. 피하고 싶지만 설렘으로 기다리게 만드는 상반된 논리가 마음을 지배합니다. 바로 그 순간! 설명하기 힘든 묘한 희열과 환희를 아이들도 직감합니다. 그래서 더욱더 짜릿한 경험으로 기억되고 오래 남는 거예요.

이런 이유에서인지 〈비전로드맵 워크숍〉에 참가한 아이들은 일회성 동기부여가 아니라고 해요. 시간이 지나도 지속해서 비전을 탐색하는 연결고리 역할을 한다고 합니다. 의미 있는 고민이 실행으로 연결되는 힘을 준다는 참가자들의 피드백을 접할 때마다, 고맙기도 하지만 더 큰 책임감을 느끼게 됩니다.

남들 앞에서 발표한다는 것은 경험이 많지 않은 아이들에게 분명히 두려운 일입니다. 그렇다고 발표를 꺼릴 때 하지 말라고 허락하면 어떻게 될까요? 가능하면 계속 회피하고 싶어지지 않을까요? 특히 리더나 핵심인재로 성장할 친구들에게 프레젠테이션 역량은 필수 자질입니다. 제가 경험한 초등학교 5학년 때 선생님의 시의적절한 격려와 지원이 없었다면, 저는 제 안에 잠재된 강연가의 재능을 끄집어낼 수 없었을 겁니다.

우리 아이들이 많은 사람 앞에서 연설하거나 프레젠테이션을 해야 할 때 분명 떨림을 경험하게 됩니다. 물론 두려움으로 회피하고 싶어질 때가 분명히 올 겁니다. 그럴 때를 대비해서 알려주세요. 설렘의 떨림이 두려움의 떨림을 이기게 된다고 말이죠. 충분히 극복해낼 수 있다고 격려해 주세요. 그리고 무대에 설 기회가 있을 때, 설렘의 떨림으로 두려움의 떨림을 극복하고 승리하시기 바랍니다.

8

인재가 갖추어야 할
자질과 역량을
먼저 생각해보라

우리 아이들이 면접시험을 몇 번 정도 경험해 볼까요? 아무리 적게 잡아도 세 번 이상 경험할 확률이 높아요. 빠른 시기에 면접시험을 경험하는 아이는 중학교 3학년이에요. 특목고 또는 자사고 입학을 희망하는 아이들입니다. 그리고 대학 입시에서 면접을 만나게 되지요. 그렇다면 중학교 3학년 아이들이 만나는 특목고, 자사고 입시 면접시험 난이도는 어느 정도일까요? 10년 이상 입시 현장에서 직접 대비를 도와온 전문가 측면에서 볼 때, 부모님들이 생각하는 것보다 훨씬 난이도가 높아요. 특목고·자사고를 준비하든 대학 입시를 준비하든 면접을 도와줄 때, 제가 공통으로 묻는 세 가지 질문이 있어요. 지원자가 우수한 인재인지 아닌지 판별하는 데 도움이 되

는 필수 질문입니다.

첫째, "지원자 본인의 정체성에 대하여 말해보세요."라는 질문입니다. 그런데 이 질문을 받은 90% 이상의 아이들이 반문하곤 합니다. "선생님 정체성이 무엇인가요?"라고요. 정체성의 의미조차 모르는 아이들이 많아요. 심지어 대학 입시를 준비하는 꽤 우수한 아이들조차 정체성이란 용어를 몰라 질문하곤 합니다. "정체성이란, 쉽게 변하지 않는 성질로 그가 가진 강점이나 장점을 말해요. 사람으로 말하면 '너는 어떤 브랜드를 가지고 있니?'라고 묻는 것과 같아요. 예를 들어 한수위 소장 하면 바로 떠오르는 '대한민국 대표 비전 디자이너'가 그가 가진 브랜드예요." 이 설명을 듣고서야 아이들은 고개를 끄덕입니다.

둘째, "왜, 우리 학교가 지원자를 뽑아야 하나요? 우리 학교가 지원자를 선발해야 하는 이유 세 가지를 말해보세요."라는 질문이에요. 이 질문을 받아도 난감해하는 것은 마찬가지입니다. 어찌 답해야 할지 몰라 당황한 표정이 역력합니다. 대답을 한다고 해도 질문의 의도를 파악하지 못하고 답하는 경우가 허다합니다. 질문의 핵심은 '지원자가 우리 학교가 키우려는 인재상에 적합한 인물인가요?'입니다. 다시 말해 그 학교가 원하는 인재상이 '창의성과 자율성 그리고 소통 능력'을 갖춘 인재라면, 그러한 자질을 갖추었는지 또는 그 역량을 키우려고 어떤 노력을 해왔는지를 묻고 있는 거예요. 그 학교가 필요로 하는 인재상은 학교 홈페이지에 자세히 소개되어 있습니다. 대부분 아이는 질문의 의도도 모르고 핵심에서 벗어난 답변을 유창하게 말하는 경향이 있어요. 그리고 집에 돌아와 면접 너무 잘 봐서 수석 할까 봐 겁난다고 합니다. 하지만 결과는 불합격입니다. 왜 떨어졌는지 이유조차 모른 채.

셋째, "지원자의 진로와 연관해서 읽은 도서와 학습 경험을 연결해 말해보세요."라는 질문이에요. 이 또한 쉽지 않은 질문이죠. 진로 적합성과 학업 우수성을 연결 지어 알고 싶어 하는 질문이니까요.

생각보다 훨씬 어렵죠. 왜 어려서부터 자기 정체성에 대해 고민해야 하는지 공감되죠? 〈비전로드맵 워크숍〉에서 왜 정체성을 찾아주고 싶어 하는지 이해하실 겁니다. 이런 이유로 〈비전로드맵 워크숍〉 네 번째 파트는 프레젠테이션 면접으로 구성한 거예요. 단순히 발표하는 것에서 그치는 것이 아니라 실전 면접을 체험하는 기획입니다. 대부분 아이가 살아가면서 처음 만나는 면접이에요. 발표하는 것만으로도 떨리고 긴장이 됩니다. 그럼에도 프레젠테이션 면접을 하는 거예요. 참가한 아이들은 부담스럽기만 합니다. 그러니 아이들에게 기대감을 주는 것이 중요합니다. 두 가지 떨림에 대하여 말씀드렸어요. 설렘으로 인한 떨림이 두려움으로 인한 떨림을 물리치게 만드는 비결. 그것은 바로 기대감을 심어주는 거예요.

기대하는 순간 두려움도 축제 분위기로 바꿀 수 있어요. 즐길 수 있는 문화를 만드는 거예요. 참가한 아이들이 프레젠테이션 면접을 체험한 후 작성한 소감을 보면 분위기가 생생하게 느껴집니다. "기대했던 것보다 훨씬 재미있고 짧은 시간이지만 사고의 폭이 확장되어 좋았어요.", "앞으로 만나게 될 면접시험에 대한 문제해결 능력을 크게 성장시키는 계기가 되었어요.", "처음엔 두려웠는데 시간이 지나면서 가슴이 뛰는 것을 느낄 수 있었어요.", "피가 끓는다는 것이 무엇인지 처음 알았어요. 꿈이 저를 이리 설레게 할지 미처 몰랐어요."와 같은 후기를 들으면 저 또한 가슴이 뜁니다. 보람을 느끼는 건 두말할 필요가 없습니다.

아이들이 이렇게 말하는 이유는, 실제 사고의 폭을 넓힐 수밖에 없는 방식으로 면접을 기획해 진행해서예요. 참가자는 누구나 세 가지 역할을 수행합니다. 먼저 면접 대상자가 되고, 배심원 면접관으로 콘텐츠 면접관, 태도 면접관 역할도 나누어 체험합니다.

면접에 잘 대처하려면 훈련이 필요합니다. 주어진 시간을 양적, 질적으로 최적화해서 활용해야 하니까요. 주어진 시간 안에 자기가 하고 싶은 말을 하는 것이 아니라, 평가자 즉 면접관이 듣고 싶어 하는 말을 임팩트 있게 전달해야 합니다. 따라서 프레젠테이션 면접을 준비할 때도, 미리 발표할 내용을 정리하는 것이 필요해요. 주어진 양식지에 10분간 스토리보드를 작성합니다. 논리적이고 충분한 설득력을 갖춘 프레젠테이션을 준비하는 거예요. 왜냐하면 발표 후, 확인 면접과 압박 면접이 진행되기 때문입니다.

배심원 면접관은 발표 내용을 근거로 면접 문항을 만들어 질
문하는 콘텐츠 면접관과, 면접 태도를 평가하는 태도 면접관으로
나누어 역할을 수행합니다. 그래서 면접 과정이 더 흥미롭고 긴장
의 연속이에요. 이 전에 경험하지 못한 신선한 경험을 하게 됩니다.
면접을 대비할 때, 평가자 시각을 가지고 판단하는 것은 매우 중요
합니다. 그런데 그런 역량을 프레젠테이션 면접을 통해 배우고 느
끼는 거예요.

〈비전로드맵 워크숍〉의 클라이맥스는 역시 프레젠테이션 면
접입니다. 많은 사람 앞에서 발표하는 것은 누구나 부담과 두려움
을 가지고 있어요. 하지만 설렘으로 인한 떨림이 두려움으로 인한
떨림을 제어하는 순간, 프레젠테이션 면접은 축제 현장이 됩니다.

기대와 설렘으로 두려움조차 즐기는 아이로 변해있어요. 프레젠테이션 면접을 치르는 면접 대상자로, 역할을 바꾸어 콘텐츠 면접관으로 태도 면접관으로 참여하는 경험을 통해 인재를 구분하는 방법을 배우게 됩니다. 우수한 인재를 구분하는 방식을 미리 알고 대비할 수 있다면, 그만큼 우수한 인재가 갖추어야 할 역량과 자질을 준비하는 것도 유리합니다. 그래서 다양한 체험과 경험이 중요한 거예요. 인재가 갖추어야 할 자질과 역량을 키우는 경험을 찾아주고, 체험하도록 도와주는 것이 부모의 중요한 역할 중 하나가 아닐까 생각해 봅니다.

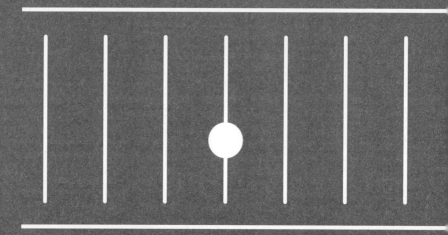

제5장

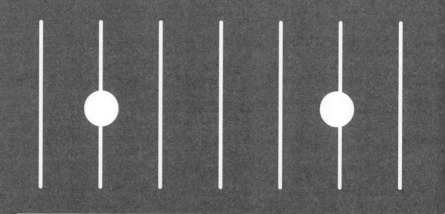

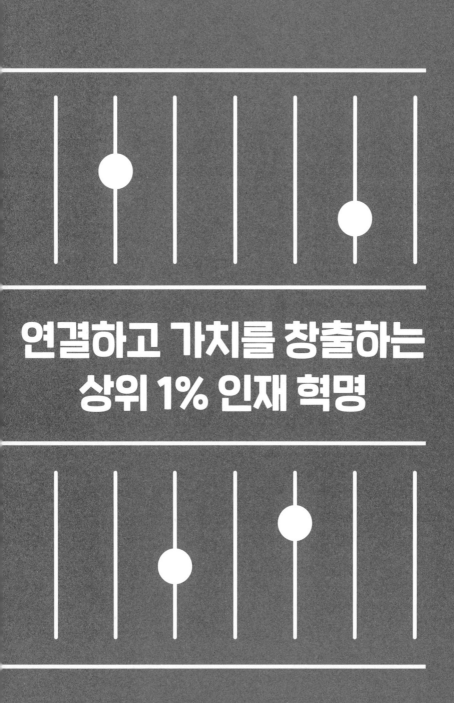

연결하고 가치를 창출하는
상위 1% 인재 혁명

1

—

나만의 유니크한 프레젠테이션 스크립트를 만들어라

—

2009년부터 10년간, 현장에서 특목고와 자사고 입시를 준비하는 아이들에게 자기소개서를 작성하고 면접 대비를 도왔어요. 아이들이 진학을 희망하는 주요 명문고나 명문대가 추구하는 교육 목표는 '글로벌 리더 양성'입니다. 이로써 면접시험을 대비할 때, 주로 하는 공통 질문이 있어요. "글로벌 리더가 갖추어야 할 자질이나 역량을 아는 대로 말해보세요. 그리고 그중 가장 중요하다고 생각하는 것은 무엇이며, 그렇게 생각하는 이유나 근거에 대하여 말해보세요."가 그것입니다. 실제로 한 명문 자사고에서 실시한 면접 기출 문항이기도 합니다.

난이도가 너무 높다고 생각하시나요? 전혀 그렇지 않아요. 역으로 생각해보세요. 우리 학교는 글로벌 리더를 키우는 것이 교육목표입니다. 그렇다면 지원자가 글로벌 리더로 성장할 수 있는 자질과 역량을 갖추고 있는지 확인하고 싶지 않을까요? 지원자가 생각하는 글로벌 리더가 갖추어야 할 역량과 자질은 무엇인지, 그중 가장 중요한 것은 무엇이라 생각하는지, 왜 그렇게 생각하는지, 분명 확인하려 합니다. 이런 질문은 기본 중에 기본적인 질문입니다. 그런데 놀랍게도 이 질문에 속 시원하게 답하는 아이들이 그리 많지 않아요. 전교 3% 이내 학업 성적을 가진 우수한 아이들조차 면접관을 충분히 설득하고 감동을 주는 답변을 하지 못합니다. 왜 이런 현상이 생기는 걸까요? '글로벌 리더'란 용어가 너무 익숙해져 깊이 고민하지 않는 경향도 있어 보입니다. 글로벌 리더가 되려면 어떤 자질과 역량이 필요한지, 그러한 역량을 키우려면 지금부터 어떤 노력을 해야 할지에 대해 문제 인식이 없으니, 준비도 되어 있지 않은 거예요. 필요한 자질이나 역량은 인터넷 검색을 통해 쉽게 정리할 수 있습니다. 그런데 아이들은 찾아보지도 않고 면접관의 질문을 받는 순간, 그때 생각나는 대로 출제자의 의도와 동떨어진 답변을 하는 거예요.

글로벌 리더가 갖추어야 할 대표적인 역량은 소통 능력, 프레젠테이션 능력, 글로벌 리더십, 글로벌 성품, 자기주도학습능력 등이 대표적인 것들입니다. 모두 중요한 자질이에요. 그중 프레젠테이션 능력에 대해 함께 생각을 나누는 시간을 가져 볼게요.

리더에게 프레젠테이션 능력이 왜 중요한 필수항목일까요? 리더는 자기가 이끄는 조직원들이 한 방향을 보게 만드는 능력이 필요합니다. 구성원들이 협업해서 그 조직이 세운 목표를 향해 함께 나아가도록 이끌어야 하기 때문입니다. 그렇게 하려면 논리적으로 설득하는 능력도 필요하며, 따뜻한 감성으로 공감을 끌어낼 수도 있어야 합니다. 이런 이유로 프레젠테이션 능력의 중요성은 날로 더 커지고 있는 거예요. 실제로 학교나 직장, 사회에서 정상에 선 사람들의 공통점은 프레젠테이션 능력의 달인입니다. 프레젠테이션 역량을 갖추지 못하면 조직의 리더가 되기 힘들다고 말할 정도입니다.

그렇다면 프레젠테이션 능력을 키우려면 어떻게 해야 할까요? 먼저 전달하고 싶은 내용을 충분히 생각하고 이를 논리적으로 정리해야 합니다. 그 후 말하기 연습과 시뮬레이션이 필요해요. 자기 생각을 글로 써보는 것도 좋은 방법입니다. 이런 이유로 〈비전로드맵 워크숍〉에서도 프레젠테이션 면접을 하기 전에, 반드시 프레젠테이션 스크립트를 작성하도록 조언합니다. 이해를 돕기 위해 하나의 사례를 제시해 볼게요.

나만의 차별화된 프레젠테이션 콘텐츠 구성

	직업비전	직업사명
	뇌가 손상된 사람들, 식물인간 상태가 된 사람들에게	인공 뇌를 만들어 줄 것이다.
	돈이 부족해 뇌수술을 받지 못하는 사람들	의료봉사 재단 설립을 통해 도울 것이다.

꿈과 비전을 이루기 위한 시기별 세부목표

10대 핵심목표	20대 시기	30대 핵심목표	40대 핵심목표
2020년 올해 외대부고에 합격하고 고교 3년 동안 의사에게 필요한 자질과 역량을 쌓기 위한 교과공부와 의료봉사 관련 동아리 활동을 찾아 꿈에 다가설 것이다.	서울대 의과대학에 진학해 뇌 분야 전문의가 되기 위한 자질과 역량을 쌓을 것이다.	2035~40년까지 뇌의학 박사학위를 받고 내전지역이나 의료 혜택이 절실한 지역을 선정해 연간 1달씩 의료봉사하며 최고의 의료기술을 연마할 것이다.	2050년까지 세계적으로 저명한 뇌 분야 전문의가 되고 생명 윤리를 철저히 지킬 것이다.
맺음말 (각오/다짐/선언)	나의 도움이 절실히 필요한 환자들을 위해 결코 포기하지 않고, 나의 진로목표를 이루고 이 사회에 기여하는 삶을 살 것이다.		

*출처: 〈비전로드맵 워크숍〉 '비전을 당당하게 선언하라' 강연 자료

아이들은 각자 자기가 제작한 비전로드맵 자료를 보면서 스크립트를 완성합니다. 프레젠테이션 시간은 3분이에요. 3분에 맞추어 준비하는 것도 엄청난 공부입니다. 아무리 멋진 프레젠테이션을 한다고 해도 시간을 초과하는 것은 의미가 없어요. 중요한 것은 주어진 시간 안에 전달하고 싶은 내용을 온전히 전달하고, 감동을 주는 것이죠. 스크립트 작성은 전달할 내용을 정리하고, 그중에서 반드시 기억할 중요 키워드를 끄집어내는 수단으로 활용해야 합니다. 왜냐하면 작성한 스크립트는 프레젠테이션 면접 현장에 들고 들어갈 수 없기 때문이에요. 프레젠테이션 면접은 스크립트를 보고 읽는 방식이 아니라 비전로드맵 작품만으로 발표하는 것이 원칙입니다.

애써서 작성한 스크립트를 면접장에 가지고 들어갈 수 없다는 말을 들은 아이들의 표정이 상상되나요. 난생처음 사기당한 표정을 합니다. 충분히 이해되지요. 그래서 분위기 반전을 시도합니다. "혹시 프레젠테이션의 대가 스티브 잡스가 프레젠테이션 할 때, 손에 스크립트를 들고 읽는 것 보셨나요? 여러분은 스티브 잡스를 능가할 프레젠테이션의 대가로 성장할 주인공이에요. 그리고 지금 그 출발선에 서 있는 거예요. 어떤 선택을 해야 할까요?"라고 제가 말하면, 한 친구가 "와, 소장님은 고도의 언어 사기꾼이에요. 거절할 수 없는 제안을 하시네요."라고 합니다. 그러면 강연장은 온통 웃음바다가 되어 버립니다. 두려움조차 즐기는 모드가 되는 것이죠.

많은 사람 앞에서 짧은 연설을 하거나 프레젠테이션을 진행해야 할 때, 스크립트를 작성하는 것이 필요합니다. 스크립트를 작성하는 것의 목적은 보고 읽기 위한 것이 아니라, 생각을 정리하는 것이에요. 스크립트를 작성한 후 반드시 기억해야 할 키워드만 추출합니다. 키워드를 중심으로 자기가 하고 싶은 스토리를 만들어 보세요. 물론 처음에는 어려울 수 있어요. 하지만 여러 번 연습하면 자연스럽게 자신이 의도했던 메시지를 전달하고 있는 자신을 발견하게 됩니다. 스크립트 작성 또한 프레젠테이션 대가로 성장하는 하나의 필수 과정입니다.

2

—

중학생을
주눅 들게 만든
초등학교 4학년

—

매년 수많은 강연장에서 다양한 청중을 만납니다. 2010년 이전에는 대부분 강연 대상이 학부모와 교육경영자들이었어요. 하지만 2011년을 기점으로 아이들을 만나는 횟수가 많아집니다. 물론 특목고 입시를 준비하는 아이들이 제일 많았어요. 특목고 입시나 대입 학생부종합전형은 자기의 정체성을 찾는 것이 우선이에요. 그래서 다른 말로 '꿈의 전형'이라 표현하곤 합니다. 자연스럽게 꿈과 비전을 탐색하는 〈비전로드맵 워크숍〉에 많은 아이가 참여했어요. 이후 자유학기제와 자유학년제가 정착되면서 진로 탐색과 진로 설정의 중요성은 더 커졌습니다.

학교 현장에서 전교생을 대상으로 비전 강연을 해달라는 요청
이 쇄도했어요. 10여 년 동안 〈비전로드맵 워크숍〉을 통해 만난 아
이들이 3만 명을 넘어서고 있으니, 연평균 3천 명 정도의 아이들을
만난 셈이죠. 얼마나 다양한 아이들을 만났겠어요. 게다가 특목고,
자사고 입시를 준비하는 아이들의 비중이 50% 이상이니, 그만큼
우수한 아이를 많이 만난 거겠죠. 기억에 남는 아이도 많고, 지금까
지 지속해서 소통하는 친구도 상당합니다.

3만 명이 넘는 아이 중 가장 기억에 남는 아이 한 명만 뽑으라
고 하면 주저함 없이 제주도 서귀포에서 만난, 당시 초등학교 4학
년 민이가 생각납니다. 당차고 야무지게 프레젠테이션을 해서 지금
도 머릿속에 비디오를 촬영한 것처럼 생생하게 남아 있어요. 먼저
그 아이가 자성한 '상위 3% 브랜드 철학' 한 문단의 내용을 소개 해
볼게요.

**저는 코코 샤넬처럼 전설적인 패션 디자이너가 될 거예요. 그래서 한
국 전통 옷의 아름다움을 세계에 알릴 겁니다. 또한, 돈이 없어 옷을 못
사 입는 가난한 아이들에게 제가 만든 옷을 기부할 것입니다. 이 꿈을
2030년까지 이루고, 2030년부터는 직접 패션 기업을 만들어 CEO가
될 것이며, CEO가 된 후에는 세계에서 돈이 없어 패션을 공부할 수 없는**

아이들에게 장학금을 주어 그들이 꿈을 펼치도록 도울 겁니다.
이 꿈을 이루기 위해 올해까지 패션 잡지 100권을 읽으며, 디자이너의
꿈을 키워갈 겁니다.

민이가 가장 기억에 남는 이유는 초등학생이라 믿기 힘들 정도의 파격적인 프레젠테이션 때문이에요. 그날 워크숍에 함께 참가한 20명의 언니, 오빠들이 주눅 들기에 충분한 내용이었어요. 지켜보는 선생님들 또한 당당하게 자기의 비전을 선언하는 모습을 보고 감탄합니다.

민이는 떨리는 목소리로 많은 청중 앞에서 선언했어요. "저는 먼저 15살에 100만 원을 기부할 겁니다. 또한 패션 기업을 만들고 CEO가 된 후에는 옷을 사 입지 못하는 아이들에게 제가 만든 옷을 기부할 거예요. 40대 이후 기업을 운영해 얻은 매출액 중 순이익의 40%를 재능을 가지고 있지만 가난해서 꿈을 펼치지 못하는 아이들을 지원하는 일에 기부할 겁니다. 50대 이후에는 아프리카로 가서 재능봉사를 하며 지속적으로 기부하는 삶을 살 것입니다." 이런 민이의 프레젠테이션 면접 발표가 끝나자마자 함께 참석했던 6학년 아이 중 하나가 배심원 면접관으로서 질문했어요. "15살의 나이는 어린 나이잖아요. 그리고 15살 아이에게 100만 원은 큰돈입니다. 그 큰돈을 현실적으로 어떻게 만들어서 기부할 것인지 구체적인 방법을 답변해 주세요."라고요. 민이는 전혀 당황하지 않고 당당하게 답변합니다. "왜 꼭 그것이 어렵다고 생각하시죠? 그때까지 용돈을 틈틈이 모아도 되고 세뱃돈을 모아도 되죠. 무엇보다도 중요한 사실은 이미 제 통장 잔액에 100만 원 이상이 있다는 겁니다." 조금의 주저함도 없이 명확하고 총알처럼 빠른 답변이었어요. 그때 주 면접관 자격으로 제가 민이에게 추가 질문을 했어요. "혹시 15살 때 하는 100만 원 기부와 40대 이후의 순이익 40% 기부가 무슨 연관이 있나요?" 질문을 받자마자 바로 민이의 답변이 이어졌어요. "바로 그거예요. 만약 제가 15살 때 100만 원을 기부하지 않는다면, 40대에 매출액 중 순이익의 40% 기부한다는 것은 새빨간 거짓 말이에요. 저는 40대 이후 40% 기부 약속을 지키기 위해서 15살에 100만 원 기부를 반드시 할 겁니다." 그 자리에 있던 모든 참가자가 민이의 진정성 있는 발표에 박수를 보냈어요. 그리고 그 순간 비전 디자이너인 저도 민이에게서 많은 것을 배우고 느끼는 순간이었죠. 그날 함께 참가한 중학교 2학년, 3학년 언니 오빠들도 서로가 서로에게 비전을 응원해 주었어요. 학년이나 나이를 떠나 많은 것을 배우고 나누는 시간이었습니다.

프레젠테이션 면접은 이렇게 진행됩니다. 먼저 3분간 자기의 비전로드맵을 활용해서 발표합니다. 그 후 콘텐츠 면접관으로 선정된 아이들이 발표한 내용을 근거로, 확인 질문이나 압박 질문을 해요. 그러면 발표자가 질문에 답변하는 형식이죠. 그리고 태도 면접관으로 지정된 아이들은 프레젠테이션 태도를 점수로 말해줍니다. 예를 들면 "태도 점수를 말씀드릴게요. 10점 만점에 8점 드립니다. 2점을 감점한 이유는 우선 목소리가 작아 자신감이 모자란 것으로 보고 1점을 감점합니다. 나머지 1점은 면접관인 우리를 보면서 발표해야 하는데, 자기의 로드맵만 보고 발표해서 추가로 1점 감점합니다."와 같은 방식으로 매긴 점수에 대한 근거를 설명하는 거예요. 물론 프레젠테이션 면접 전에 면접관 교육을 받고 진행합니다. 그리고 마지막으로 주 면접관인 저와 선생님들이 추가 질문을 하거나 프레젠테이션 전체에 대한 총평과 조언을 하는 것으로 마무리합니다.

워크숍을 진행하다 보면 나이와 학년은 아무런 문제가 되지 않아요. 오히려 초등학생들이 무모할 정도로 당당하게 발표하는 모습에서, 중학생 언니 오빠들도 배우는 것이 많아요. 초등학생들은 중학교 선배들로부터 세련된 프레젠테이션 방법을 배우게 됩니다. 저 또한 아이들을 보면서 많은 것을 느끼고 새로운 교훈을 얻곤 합니다. 그래서 '교학상장教學相長'이란 말이 생긴 듯합니다. 매번 아이들에게 배우는 것이 많아 행복합니다.

3

—

잘하는 것과
좋아하는 것,
무엇을 진로로
선택할까?

—

사람은 누구나 분명한 계획과 목표를 가지고 태어났음을 믿으며, 장애 인을 포함한 모든 사람이 남들보다 뛰어난 한 가지 이상의 재능을 가지 고 태어났음을 확신하며, 그들의 재능을 발견해 주려고 노력하는 자세

이는 '멘토가 제자인 프로테아제(멘티)를 대하는 마음 자세'입 니다.

좋아하는 것과 잘하는 것, 둘 중 어느 것을 우선해서 진로를 선택해야 할까요? 빈번하게 만나는 질문입니다. 초등학생이나 중 학생 자녀를 둔 부모님뿐 아니라, 20대를 살아가고 있는 대학생들 또한 이 문제에 대하여 고민하며 질문하곤 합니다. 그리고 제게 묻습니다. "선생님은 교육 현장에서 많은 아이를 만나 직접 아이들이 비전을 설정하도록 돕는 일을 계속해 오셨잖아요. 비전 전문가로서 가지고 계신 생각을 듣고 싶어요."라고요.

저는 항상 아이들에게도 '잘하는 것'을 선택하라고 조언합니다. 그리고 잘하는 것을 좋아하게 만들 수도 있으며, 좋아하게 만드는 것이 중요합니다. 현장에서 만난 재미있고 의미 있는 사례 두 가지를 소개해볼게요.

〈세계적인 농구 스타를 꿈꾸는 민준이〉

민준이를 처음 만난 것은 그 아이가 중학교 1학년 때였어요. 잘생긴 외모와 웃는 모습이 인상적인 아이였습니다. 성격도 외향적이에요. 어렸을 때부터 사랑을 듬뿍 받고 자란 티가 났어요. 운동을 좋아해서 친구들 사이에서 리더 역할을 하는 아이였죠. 특히 농구에 미쳐있는 아이였습니다. 초등학교 6학년 때부터 세계적인 농구 스타가 되겠다는 꿈을 펼치고 있었어요. 물론 민준이 부모님도 아이의 꿈을 지지하고 응원해 주는 편이긴 했지만, 민준이의 꿈을 지속해서 지지하고 지원해 주어야 하는지 고민하며 상담을 요청해 오셨어요.

우선 상담 일정을 잡기 전에 시간을 내어 민준이가 친구들과 농구 경기를 하는 현장을 찾아가 아이를 관찰했어요. 민준이는 친구들과 후배들을 모아 농구팀을 만들 정도로 적극적인 성격이었어요. 두 개의 팀으로 나누어 1군과 2군으로 구분하는 기준을 세우고, 나름 훌륭한 원칙으로 팀을 운영하고 있었어요. 임원단을 구성해 함께 계획을 세우고 훈련하는 것은 물론, 길거리 농구대회도 참가합니다. 지역 대표로 큰 대회도 출전할 정도로 실적을 올리기도 했어요.

하지만 냉정히 살펴본 결과, 민준이가 농구를 정말 좋아하고 즐기는 것은 누구나 인정할 만했어요. 반면 세계적인 농구 스타로 성장할 가능성과 직업적으로 선택해도 좋을 정도로 잘하는 것인지는 확신이 서지 않았어요. 그 분야 전문가와 만나 확인해볼 필요가 있었습니다. 부모님께 필요하다면 그 분야 전문가와의 만남과 상담을 연결해 드리기로 했습니다. 이후 해당 분야 전문가와 상담을 받은 후, 잠정적으로 결정합니다. 취미 수준에서 아마추어 선수 정도로 성장할 가능성은 크지만, 프로선수로 성장하기에는 무리가 있어 보인다고요. 부모님도 아이도 충분히 공감하며 의미 있는 상담을 통해 진로 점검을 한 사례입니다.

〈수학 관련 대회에서 두각을 보이는 수학 천재 유빈이〉
수학 천재 유빈이를 만난 것은 그 아이가 중학교 2학년 되던 해 이른 봄이었습니다. 다른 과목 보다 특히 수학 과목에서 두각을 드러낸 아이였어요. 초등학교 때부터 수학경시대회뿐 아니라 각종 외부 수학 관련 경시대회에 나가 우수한 결과를 내고 있었어요. 전국대회에서도 최상위권 수준의 수상을 할 정도로 뛰어난 실력을 갖추고 있었어요. 그래서 과학영재학교 진학을 목표로 무엇을 준비해야 하는지 유빈이를 만나 달라는 요청을 받았습니다. 그런데 아이와 상담을 시작한 지 15분쯤 되었을 때, 예상하지 못한 일이 생깁니다. 당황스러웠어요.

"유빈이는 수학 영재 수준이네. 잘하는 걸 보니 수학을 정말 좋아하고 즐기는구나? 언제부터 수학을 그렇게 좋아하고 즐기면서 공부하기 시작했어?"라는 제 질문에 유빈이는 눈을 찡그리며 대답했어요. "제가 수학을 즐기는 아이로 보여요? 사실은 전혀 그렇지 않아요. 저는 초등학교 2학년 때부터 엄마가 수학 공부를 하루에 4시간씩 시켰어요. 유명한 수학 선생님은 다 만나본 것 같아요. 하지만 전 수학을 선생님이 생각하는 것만큼 그렇게 좋아하지 않아요. 또 자연 계열과 과학영재고 진학에 별 관심이 없어요. 엄마 생각일 뿐이죠. 전 역사 공부를 하고 싶어요, 선생님."이라고 한 거죠. 유빈이는 분명하고 똑부러지게 자기 생각을 어필했어요.

위에서 언급한 민준이는 농구를 좋아하지만, 직업적으로 그 분야에서 전문가로 성장할 만큼 잘하는 정도는 아닌 사례예요. 다시 말하면 꿈은 있으나 재능에 해당하는 끼가 부족한 경우입니다. 반면에 후자인 유빈이는 재능인 끼가 충만한 데 비해서 관련 분야에 대한 흥미 부족으로 꿈이 매치되지 않는 안타까운 케이스예요. 가장 이상적인 것은 자기 분야에서 전문가로 성장하려면, 진정으로 좋아하는 꿈과 재능인 끼가 공존하는 것이 최상의 조합입니다. 따라서 좋아하며 잘할 수 있는 분야를 빨리 찾으면 찾을수록 좋습니다.

　　다시 처음 질문으로 돌아가 볼게요. 좋아하는 것을 잘할 수 있다면 별문제가 없어요. 하지만 이 두 개의 요소가 다를 때 '어떤 것을 우선으로 선택할 것인가?'가 핵심이에요. 앞에서 잠시 비전 디자이너인 제 생각을 말씀드렸어요.

　　한 번 더 말씀드릴게요. 우선 목표 수준에 따라 답변이 달라질 수 있어요. 아이가 자기 분야에서 상위 3% 이내 최고 수준의 전문가로 성장하는 것이 목표라면, 잘하는 것을 선택하는 것이 유리하다고 생각합니다. 하지만 최종적으로 잘하는 것을 좋아하게 만들 수 있는 전략이 필요해요. 그래야 한 단계 더 탁월한 수준으로 성장할 수 있기 때문이죠.

　　현장에서 아이들과 어떻게 소통하며 어떻게 진로 점검을 하는지 다음 장에서 상세히 소개해 드리겠습니다. 관심 가지고 함께 고민하시면서 소중한 자녀의 진로 점검을 함께해 보세요. 그리고 동시에 소중한 자녀의 재능을 잘 발견해 주는 멘토가 프로테아제를 대할 때의 마음 자세로 자녀의 강점을 찾아주시길 바랍니다.

4
—

좋아하는 것을
잘하게 만드는 방법
vs
잘하는 것을
좋아하게 만드는 방법

—

앞서 좋아하는 것(꿈)과 잘하는 것(끼)을 찾아주라는 이야기를 드 렸어요. 머리로는 이해가 되는데 어렵습니다. 재능은 있는데, 그 분 야 최고가 되기에는 어려운 경우도 많죠. 그런 아이는 어떻게 도와 주어야 할까요? 좋아하는 일을 잘하게 만들 수 있다고 했는데, 어디 서부터 어떻게 시작해야 할까요?

현실적으로 어린 나이에 완벽하게 좋아하는 일을 찾는 것은 한계가 있어요. 왜냐하면 좋아하는 일과 잘하는 일을 찾으려면 다 양한 경험이 필요하기 때문입니다. 고등학생의 경우 가장 큰 장벽 은, 경험할 시간과 여유가 없는 거예요. 초등학생, 중학생 시기도 그렇게 경험을 많이 할 수 있는 환경은 아닙니다. 그럼에도 불구하고 찾아야 합니다. 본격적인 진로 탐색 시기에 해당하는 중학생 시기는 다양한 방법을 찾아 간접 경험이라도 할 수 있는 기회를 찾아주세요. 탐색 과정을 통해 희망 진로를 바꾸는 것도 가능하기 때문입니다.

그런 의미에서 자유학기제와 자유학년제 도입은 아주 바람직한 변화라고 생각합니다. 이 시기를 학과 공부를 위한 선행학습으로 활용하기보다, 본래의 취지에 맞게 진로 탐색을 돕고 진로성숙도를 높이는 데 활용하도록 도와주세요. 지금부터 위 질문에 대한 답변을 손에 잡히는 경험 사례를 통해 소개해 보겠습니다.

먼저 비전 디자이너 입장에서 생각하는 명백한 기준 두 가지를 제시합니다. 아이를 그 분야 상위 3% 최고의 전문가로 키울 것인가, 아니면 프로 수준으로 키울 것인가에 따라 선택은 달라질 수 있어요. 상위 3% 최고의 전문가, 장인, 명장 수준을 목표로 한다면 끼(재능)를 꿈(좋아하는 것)보다 우선순위에 두어야 한다고 생각합니다. 앞에서 예시해 드린 민준이가 바로 그런 사례입니다. 정말 좋아하는데 그 분야에 천부적인 재능이 없다면 결국 문제가 발생합니다. 스포츠 분야나 예술 분야처럼 경쟁이 치열한 분야일수록 더 뚜렷하게 문제가 발생할 확률이 높아요. 일반적으로 그 분야에서 최고가 되기 위해서는 하루 16시간씩 쉬지 않고 노력해야 합니다. 그런데 그 과정에서 일종의 천적을 만나게 되지요. 자기보다 노력을 덜 하는데 천부적 재능을 가진 경쟁자를 만나게 되는 거예요. 그런 일을 한두 번 경험하면 아이들은 혼란스러워요. '죽도록 노력했는데 나보다 훨씬 연습을 덜 하고 경기장에 들어온 저 아이를 나는 왜 이기지 못하는 것일까?' 이런 현상이 반복되면 어떤 일이 발생할까요? 그토록 좋아했던 농구가 싫어지기 시작합니다. 물론 그 분야의 최고 전문가 수준을 꿈꾸는 것이 아니라, 준수한 수준의 전문가가 되는 것이 목표라면 좋아하는 것(꿈)을 우선순위로 놓아도 무방합니다. 그렇다면 민준이와 같은 아이에게는 어떤 도움이 필요할까요? 민준이가 가진 더 큰 재능을 찾아주는 것이 좋은 해결책입니다.

민준이가 부모님과 함께 전문가 상담을 마친 후, 저와 2차 상담을 진행했어요. 스포츠 전문가 상담을 받고 와서 혹시 실망한 것은 아닌지 좀 걱정이 되었어요. 막연하게 진로 목표를 가지고 있던 아이가 아니었기 때문입니다. 나름대로 목표를 가지고 자기의 꿈을 이루기 위해 기꺼이 대가를 지불하며 노력한 기특한 아이라 더 마음이 쓰였어요. 그런데 다행스럽게도 아이 표정이 밝았어요.

"민준아, 혹시 상담해 주신 분이 농구를 직업적으로 하는 것보다 다른 쪽 진로를 고민해보라고 해서 실망한 거 아니야? 표정보니 실망한 것 같지 않네. 그런데 선생님이 보기에는 민준이는 더 큰 재능이 있어. 농구 잘하는 것과는 비교도 안 될 정도로 큰 재능이야. 혹시 그것이 무엇인지 알고 있니?" 의외의 말을 들은 듯 민준이의 눈이 동그래졌어요. 아직 스스로 자신이 가진 재능을 발견하기엔 어린 나이죠. "선생님이 보기에는 농구팀을 만들고, 선수를 선발하고, 운영진을 만들어 함께 회의하며 팀을 이끄는 능력이 있어. 리더가 될 자질이 충분해. 거기다 훌륭한 결과도 냈잖아. 네 또래 친구들이 쉽게 가지기 힘든 재능이야. 조직을 만들고 조직원들을 한 방향으로 이끌 수 있는 재능이 네가 가진 더 큰 강점이야. 선생님 생각에 너는 훌륭한 사업가 자질이 있어. 네가 성장해서 한 기업의 경영자가 되면 지금 네가 접어놓은 꿈을 살릴 수도 있어. 그 기업에 프로 농구팀을 만드는 거야. 그리고 너의 더 큰 재능을 살려 그 농구팀을 최고로 키우는 거야. 직접 농구선수로 뛰는 것도 좋지만 관련된 일에서 하고 싶던 꿈을 이룰 수도 있어. 어때? 선생님이 많은 아이를 만나다 보니 너의 재능이 선명하게 보이는데. 민준아, 너의 멋진 재능을 살려보자. 그러기 위해서 지금부터 어떤 준비를 할 것인지 고민해봐. 물론 농구는 계속해도 좋아, 단 취미로. 시간이나 횟수도 줄여야겠지?"라며 희망적 메시지로 상담을 마쳤습니다.

반면에 수학 천재 유빈이는 수학을 정말 잘하는 재능을 가지고 있지만 좋아하지는 않았어요. 사실 이런 아이들은 처방이 비교적 간단합니다. 유빈이의 경우는 부모님이나 선생님께서 적절하게 의미와 동기 부여를 해 주는 것이 좋은 해결책이에요. 그런 과정 없이 너무 결과 지향적으로 공부를 시키면, 재능이 있음에도 흥미가 떨어집니다. 최악의 경우 아이가 성장하면서 아까운 재능이 버려질 수도 있어요. 재능과 흥미가 공존하는 선순환구조를 만들어 주는 것이 중요합니다. 먼저, 수학을 위한 수학 공부가 아니라, 수학을 공부해야 하는 이유부터 알려 주는 것이 중요해요. 의미와 동기부여를 적절하게 활용하세요. 이 부분에 대한 구체적인 해답은 전문가나 멘토와의 자연스러운 상담이나 공부하고 떠나는 여행에서 실마리를 찾는 것도 좋아요. 두 가지 방법 중 공부하고 떠나는 여행 사례를 하나 소개해볼게요.

2014년 1월에 13명의 중학교 2학년 아이들의 〈공부하고 떠나는 비전 여행〉 유럽 여행 보호자로 다녀온 적이 있어요. 여행을 떠나기 전 탐방할 곳에 대해 충분히 공부하고 떠난 기획 탐방 여행입니다. 배낭여행으로 아이들이 조를 나누어 국가마다 여행하는 콘셉트였어요. 영어로 아이들이 직접 의사소통하며 일정을 소화하고, 문제를 해결하는 여행이라 의미가 더 컸어요. 일정 중에 프랑스 루브르 박물관 견학이 있었어요. 하루 일정을 마무리할 때는 아이들이 조별로 그날 배우고 느낀 점을 발표하고 공유하는 시간을 갖습니다. 그런데 대부분 아이가 루브르 박물관에서 본 미술 작품과 유럽의 고대 건축물을 보고 수학을 공부해야 하는 이유와 수학의 중요성을 언급했어요. 세계적인 화가나 건축가는 수학자란 사실을 알게 된 거예요. 진정한 공부에 대한 확신을 주는 여행이었어요.

대개 수학에 재능이 있는 친구들은 각종 수학 경시대회에서 수상합니다. 그때마다 선생님과 부모님의 기대와 칭찬을 받게 됩니다. 계속해서 작은 성공의 경험이 축적되며 선순환됩니다. 자기가 잘하는 분야에 대하여 서서히 흥미가 더해지는 거예요. 한 단계 더 나아가 그 분야와 관련된 연구나 공부를 즐기는 아이로 변해갑니다. 우리 아이들에게도 이런 방식을 포함한 꿈과 끼의 균형을 잡아주는 다양한 노력과 도움이 필요합니다.

5

—

숨겨진 재능을
찾도록 도와주는
방법

—

신은 세상 사람들 누구나 남들보다 뛰어난 한 가지 이상의 재능을 가지고 태어나도록 만들었다고 합니다. 사실 주변에 있는 한 사람 한 사람을 잘 살펴보면 각자 자기의 개성과 재능을 가지고 있어요. 단지 그것을 발견하지 못했기 때문에, 자기가 원치 않는 일을 매일같이 하거나, 아무리 노력해도 원하는 성과가 나오지 않는 거란 생각이 듭니다. 그래서 부모님과 선생님들이 멘토가 프로테아제를 대할 때의 마음 자세를 가져야 하는 이유입니다.

멘토의 시각으로 자녀가 가진 재능을 찾아주는 노력이 필요합니다. 지금부터 재능을 찾아주는 데 도움이 되는 세 가지 핵심 팁을 공유해볼게요.

첫째, 어린 시절 좋아하는 것에서, 재능을 찾아줄 수 있어요. 이미 성인이 된 우리를 생각해보세요. 여러분 또한 어렸을 때 좋아했던 것이 있었죠. 그런데 어렸을 때 좋아했던 것들은 나이가 들어갈수록 사회가 만들어 놓은 잣대로 평가받게 됩니다. 그 과정에서 서서히 개성을 살리지 못한 경우가 많아집니다. 하지만 잘 살펴보면 어린 시절 좋아했던 일에서 자신의 재능이 숨어 있는 경우가 많아요. 그것을 잘 발견해서 잘 살리기도 하지만 미처 발견하지 못하고 아깝게 흘려보내기도 합니다. 우리 아이들 또한 마찬가지라고 생각해요. 어린 시절 흥미를 갖는 것에서 재능을 잘 발견하고 찾아주는 노력이 필요합니다.

어린 시절 좋아하는 일에서 자기가 가진 재능을 잘 발견하고 살린 사례를 하나 소개해볼게요.

한 소녀가 있었어요. 어렸을 때, 너무 조용하고 눈에 띄지 않는 평범한 아이였어요. 그런데 남달리 정리 정돈하는 일을 좋아했어요. 너무 정리하는 일을 좋아해서 엄마가 '정리 변태'라고 부를 정도였다고 해요. 이 소녀는 성장

해 가면서 자기의 정리 습관과 청소 습관을 더욱더 키워나갑니다. 그리고 성인이 되어 자신을 '정리컨설턴트'라고 자기만의 브랜드를

만들었어요. 동시에 다른 사람들의 정리를 도와주기 시작합니다. 그녀의 이름은 곤도 마리에입니다. 그의 책『정리의 힘』은 일본뿐 아니라, 전 세계 39개국 언어로 번역되어 지금은 세계에서 가장 잘 나가는 정리컨설턴트가 되었습니다.

둘째, 롤모델을 찾고 롤모델을 통해 재능을 발견하도록 도와 주세요. 아이가 대학생이라면 성공한 사람 옆에서 자기의 재능을 찾아가도록 돕는 것이 가장 좋은 방법입니다. 뛰어난 개성이나 재 능을 가진 사람 곁에 있으면, 재능을 찾고 꽃피울 확률이 높아집니 다. 왜냐하면 가까이 있는 사람을 쉽게 모방할 수 있으니까요. 성공 한 인물 중에는 이 방법을 사용해서 자기의 재능을 폭발시킨 사람 이 많아요. 이미 성공한 인물의 제자가 되거나 파트너가 된 사람 중 에서 성공한 인물이 많이 나오는 건 당연한 이치입니다. 성공을 직 접 한 번이라도 경험해 보는 것이 중요하죠. 일단 다른 사람을 흉 내 내서 성공한 경험을 한두 번 갖게 되면, 그 이후 자기만의 성공 경험을 쌓아 올릴 수 있는 역량을 갖게 됩니다. 하지만 문제는 아이 들이 초등학생이나 중학생일 경우, 성공한 사람 옆에서 재능을 찾 을 수 있는 기회를 얻는 게 어려운 거예요. 따라서 롤모델이 필요합 니다. 관심 분야에서 롤모델을 만들고 그와 소통을 통해 재능을 발 견할 기회를 넓혀주세요. 롤모델이 쓴 책을 읽거나 강연을 들은 후, 직·간접적으로 소통할 기회를 넓혀줘 보세요. 기억나시죠. '30년 먼저 나온 명함 활용법'은 롤모델에게 자신을 강력하게 어필할 기회를 가져다줄 수 있어요. 롤모델을 만들고 중·장기적으로 좋은 관계를 유지하도록 도와주세요. 아이가 성장해서 대학생이 되면, 그들의 도움을 받아 자기가 원하는 분야에서 인턴 경험을 가질 수도 있어요. 더 이상적인 것은 그토록 원하던 롤모델 옆에서 일하며, 재능을 꽃피울 기회를 얻는 것입니다.

셋째, '자기효능감'을 키워주세요. 자기효능감이 재능을 찾아가는 데 중요한 역할을 합니다. 성인이 된 우리가 재능을 찾아간 또다른 루트가 있어요. 지난날을 되돌아 생각해보세요. '나도 할 수 있겠다.' 싶은 분야에서 재능을 찾은 사람을 본 적 있을 거예요. 우리자녀도 성장하면서 같은 경험을 할 가능성이 큽니다. 혹시 무엇을 보고 '저 정도는 나도 충분히 해볼 수 있을 것 같은데……'라고 생각이 든 적 없었나요? 이런 느낌이 자기의 재능을 찾는 데 매우 중요한 신호라고 합니다. 따라서 이 신호를 잡을 수 있어야 해요. 많은 프로가 아마추어 시절에 다른 프로들의 작품이나 무대를 보고 '저것보다는 내가 더 잘하겠는데……'라고 생각한 적이 있다고 합니다. 이 감정이 바로 자기효능감이에요. 자기효능감은 동기를 일으키는 스위치를 켜 주는 역할을 하는 감정입니다. 바꾸어 말하면 바로 자기효능감은 자기의 재능을 찾아주는 중요한 임무를 수행하는 것이죠. 그래서 초등학생이나 중학생 시기에 자기효능감을 키워주는 것이 중요한 이유입니다.

적절한 시기에 재능을 발견하는 것이 중요합니다. 그래서 부모님이나 선생님이 멘토가 가져야 할 자세를 갖는 것이 필요한 거죠. 어렸을 때 좋아하는 것에서 재능을 찾는 것이 좋은 방법이에요. 더불어 관심 분야에서 롤모델을 활용할 수 있다면 재능을 찾을 가능성이 더 커집니다. 이 과정에서 좋아하는 흥미와 잘하는 재능을 찾는 데 어려움이 있다면, 적절한 진로 검사의 도움을 받는 것도 필요합니다. 제가 이제까지 경험한 진로 검사 중 가장 도움이 되었던 것은 '프레디저 진로적성 검사'입니다. 필요한 시기에 적절한 도움을 받을 수 있는 도구를 활용하는 것, 또한 권장해 드립니다. 마지막으로 자기효능감을 키우는 노력이 더해진다면, 아이들의 숨겨진 재능을 찾는 데 큰 도움이 되리라 확신합니다. 부모인 우리들의 지난 경험을 바탕으로 자녀의 재능을 찾아주는 데 필요한 지혜를 적극적으로 활용해 보시기 바랍니다.

6

—

희미해진
꿈과 비전에
열정의 기름을 붓는
비결

—

4차 산업혁명 시대 창의융합 인재는 '꿈꾸고 연결하고 가치를 창출하는 인재'라고 말씀드렸습니다. '어떻게 꿈꾸게 할 것인가?'에 대한 고민이 우선이었어요. 그런 의미에서 〈비전로드맵 워크숍〉은 바로 꿈꾸는 인재를 만드는 프로젝트입니다. 워크숍을 통해 아이들은 가슴 설레는 꿈과 비전을 설정하고, 왜 공부해야 하는지 분명한 이유를 찾게 됩니다. 기꺼이 대가를 지불하는 아이로 성장하고 변화하는 과정입니다.

그럼 이쯤에서 질문 하나 드릴게요. "우리 아이들이 세운 비전을 향한 열정은 지속할까요? 아니면 시간이 흐르면서 시들해져 갈까요?" 사랑의 열정이 식어가듯, 이 세상 모든 열정 또한 시들해지기 마련입니다. '어떻게 하면 꿈과 비전의 열정이 식어갈 때, 다시 열정을 끌어올릴 수 있을까?' 꼬리에 꼬리를 무는 연구는 지속되었어요. 마치 숙제처럼 말이죠. 물론 해결하기 쉽지 않은 과제였어요. 그럼에도 불구하고 해결의 실마리 한 가지는 분명합니다. 아이들의 꿈과 비전에 지속해서 물과 영양분을 공급하는 추가 시스템을 만드는 것이었어요. 드디어 오랜 고민에 대한 해결책을 독서에서 찾을 수 있었죠. 아이들 한 명 한 명 비전에 맞게 맞춤형으로 독서로드맵을 제시하기 시작합니다.

아이의 직업 비전과 연령대 그리고 독서 수준에 따라 개인별 맞춤형으로 책을 추천하기 시작했어요. 주로 〈비전로드맵 워크숍〉에 참가한 아이들을 대상으로 먼저 도서를 추천해 주었어요. 단순히 도움 되는 도서 추천이 아니라 아이가 가진 비전에 다시 열정을 불어넣어 주는 것이 핵심입니다. 고도의 전문가만이 할 수 있는 영역이에요. 진로 전문가 역량과 독서 전문가 역량을 두루 갖추고 있어야 처방이 가능하기 때문입니다.

현장에서 이루어지고 있는 사례입니다. 이해를 돕기 위해 앞에서 언급한 아이를 대상으로 제공한 '희미해진 비전에 열정 붓기' 도서 추천 서비스 예시 자료를 선정합니다. 먼저 '상위 3% 브랜드 철학'을 살펴보고 이와 연결해 추천 자료 참고하면 됩니다.

저는 슈바이처 박사처럼 생명윤리를 지키며, 사회적 약자에게 봉사하는 뇌 분야 전문의사가 될 것입니다. 의료 혜택의 사각 지역에 놓인 사람들, 의료 도움이 필요한 국내·외 사람들에게 의료 지원을 하고자 합니다. 특히 뇌가 손상된 사람들, 식물인간 상태가 된 사람들에게 인공 뇌를 만들어 줄 것입니다.

또한, 돈이 부족해 뇌 수술을 받지 못하는 사람들을 위해 의료봉사 재단을 설립해서 그들을 도울 것입니다. 이런 저의 최종적인 꿈은 2050년까지 세계적으로 저명한 뇌 분야 전문의가 되는 것이며, 생명윤리를 철저히 지킬 것입니다.

서울대학교 의과대학을 졸업하고 2035년~40년까지 뇌 의학 박사 학위를 받고, 내전 지역이나 의료 혜택이 절실한 지역을 선정해 연간 한 달씩 의료봉사를 하며, 최고의 의료 기술을 연마할 것입니다.

그러므로 2020년 올해 외대부고에 합격해, 고교 3년 동안 의사에게 필요한 자질과 역량을 쌓기 위한 교과 공부와 의료봉사 관련 동아리 활동을 하며 꿈에 다가설 것입니다.

〈비전로드맵 워크숍〉을 통해 비전을 세운 아이와 지속해서 소통하며, 6개월 후 제시해 준 개인별 맞춤형 독서 추천 사례입니다. 이 책이 의사가 진로 목표인 아이에게 어떤 의미가 있으며, 이 책을 통해 무엇을 얻을 수 있는지 비전사명을 바탕으로 추천했습니다.

아이에게 특별한 의미로 다가올 수밖에 없는 이유입니다.

의대를 꿈꾸는 대한민국의 천재들(이종훈)

의대를 꿈꾸는 사람들의 궁금증을 해소하기 위한 책으로, 의학에 대한 전반적 개론서이면서 한국에서 의사가 꿈인 사람들의 확실한 이정표를 보여준다.

당신들의 천국(이청준)

의사는 전문기술에만 능해서는 안 되고 환자들과의 긴밀한 소통이 필요하다. 그렇게 하기 위해서는 그들의 아픔을 진정성 있게 느끼고 대해야 한다는 교훈과 가치관을 잡아주는 대작. 나병 환자들이 있는 소록도에서 벌어지는 한 편의 영화 같은 이야기다.

의사가 말하는 의사(김선 외)

20명의 의사가 솔직하게 의사의 세계를 털어놓은 것으로, 의사로서의 철학과 직업의식은 물론 의사가 되는 길부터 삶의 애환 같은 인간적 내용까지 포함되어 있다.

할머니 의사 청진기를 놓다(조병국)

서울시립아동병원과 홀트아동병원을 거치며 6만 입양아의 주치의이자 엄마였던 조병국 원장의 50년 의료일기로, 75세까지 세상에 갓 태어난 생명과 온몸으로 부딪히며 감당한 눈물의 수기. 의사의 진정한 도덕성을 볼 수 있다.

저는 세계적인 글로벌기업을 경영하는 전문 CEO로 성장할 겁니다. 그래서 스티브 잡스처럼 미래를 예측하고 시대를 앞서가는 통찰력과 창의성을 가진 CEO가 되어, 능력을 갖추고도 취업난을 겪고 있는 이 땅의 수많은 청년에게 취업의 기회를 주고 싶어요.

또한, 기업 경영의 이윤으로 국내 유명 대학 한 곳을 인수해 세계 10위권 명문 대학으로 성장시킬 거예요. 그곳을 통해 국내의 우수한 인재 확보는 물론, 해외의 우수한 인재들도 흡수해 우리나라 경제 발전에 이바지할 겁니다. 그 꿈을 이루는 시기를 2056년(50세)으로 잡고, 2041년(37세)까지 대기업 핵심임원이 되어 CEO 역량을 쌓을 것입니다.

2020년 현재, 주식투자에 관한 공부와 성공한 CEO 관련 서적과 경영 서적을 매주 1권씩 읽으며, 예비 경영자의 길을 가고 있습니다.

세계적 CEO를 꿈꾸는 아이의 경우도 마찬가지입니다. 비전 사명을 바탕으로 추천해준 책은 아이가 자기의 꿈과 비전을 성취하는 데 있어 훌륭한 자양분이 될 것이라 확신합니다.

앨빈 토플러 청소년 부의 미래(엘빈 토플러)

다가오는 미래의 부는 어떻게 변화하고 우리 삶에 어떤 영향을 미칠지 저명한 미래학자가 분석한다. 급변하는 경영 환경 변화를 예측하고, 사회문화에 대한 지식도 얻을 수 있는 광범위한 경영 확장 도서다.

구글, 성공 신화의 비밀(데이비드 A. 바이스)

전 세계가 왜 구글 형태의 사업을 주목하는지에 대한 답을 준다. 구글의 탄생 배경과 성공의 시작, 시스템의 세계화, 부를 얻는 방법 등 구글에 대한 현재와 미래를 샅샅이 탐험한다.

마윈(류스잉 외)

중국의 인터넷 제국 알리바바 그룹 회장 마윈의 유년시절부터 최근까지 기록한 전기 형태의 글로, 미국에서 우연히 인터넷을 접하고 1999년 중국에서 18명이 십시일반 모은 돈으로 창업, 아시아 최고 부호가 되기까지의 모험담이 담겨 있다.

죽은 경제학자의 살아있는 아이디어(토드 부크홀츠)

실력 있는 글로벌 CEO가 되기 위한 현대 300년 경제사상의 이해를 위한 입문서. 학계와 경제계를 지배하고 있는 이론과 현실에 대해 높은 수준의 통찰을 제공한다.

꿈과 비전에 대한 열정이 식어갈 때 반드시 열정을 불러일으키는 장치가 꼭 필요합니다. 고민하며 다양한 시도를 해 보았지만 독서만큼 좋은 처방은 없었어요. 진로 목표에 맞추어 마음을 움직일 수 있는 양질의 도서를 추천해 주는 것이 효과적이에요. 처음부터 무리하게 많은 책을 추천해 주는 것은 도움이 되지 않습니다. 최대 4권 선정합니다. 사실 책을 통해 롤모델을 갖게 해주려는 의도가 숨어 있어요. 이 단계에서 집중할 목표는 꿈과 비전에 대한 열정을 다시 살리는 것이죠. 자녀가 품은 비전이 식어갈 때, 독서로 열정을 되살리는 해법을 찾아주는 지혜가 필요합니다.

7

—

꿈꾸는 인재에게
연결지능을
키워주는 비법

—

꿈꾸고 연결하고 가치를 창출하는 인재의 첫 단계가 꿈꾸는 인재 였습니다. 〈비전로드맵 워크숍〉을 통해 꿈과 비전을 탐색하고, 그 결과물로 상위 3% 브랜드 철학을 만들었어요. 다음 단계는 연결지 능을 키우는 단계로 이어집니다. 앞에서 연결지능을 키우는 가장 좋은 방법 두 가지로 '공부하고 떠나는 여행'과 '독서'를 언급해 드 렸어요. 진로 목표가 외교관인 아이 사례를 3단계 모두 포함해 제 시해 볼게요.

첫 번째, 꿈꾸는 인재 분야에서 다룬 상위 3% 브랜드 철학 만 들기입니다.

나는 강경화 외무부 장관처럼 풍부한 현장 경험을 살려 대한민국을 외교 선진국으로 만들 것이다. 특별히 동북아시아 국가들의 상생 발전에 이바지하는 외교관으로 대한민국 외교 역사를 새로 쓸 것이다.

가장 가깝고도 먼 나라 일본과 위안부 문제, 독도 문제, 강제징용노역 문제 등의 갈등 요소를 해소하고, 상생하며 미래지향적인 동반자 관계로 발전시킬 것이다. 또한 동복공정 등 역사 왜곡을 하며 마치 한국을 그들의 속국쯤으로 알고 있는 중국을 상대로 대등한 외교를 펼치며, 외교 강국의 위상을 세울 것이다.

이런 나의 최종적인 목표는 2055년까지 외무부 장관이 되어 외교 선진국의 면모를 갖추고, 후배들이 외교 역량을 적극적으로 펼치도록 전폭적으로 지원할 것이다. 그 꿈을 이루기 위해 서울대학교 정치외교학부를 졸업하고 외교 아카데미를 거쳐 외교관의 자질과 역량을 키울 것이다. 또한 한류 문화 외교를 적극적으로 지원하며, 빈민국을 돕는 외교로 국가 이미지를 높이는 데 이바지하는 외교를 펼칠 것이다.

따라서 2020년 ○○외고에 입학해서 영어와 제2외국어 공부를 통해 글로벌 소통 역량을 키우고, 외교와 관련된 전공 서적과 계열 서적을 읽으며 외교관이 갖추어야 할 지식과 역량을 쌓아갈 것이다.

두 번째 단계는 꿈과 비전이 희미해져 갈 때, 다시 열정에 기름을 부어주기 위한 독서 추천 과정입니다.

광장(최인훈)

남과 북의 이데올로기를 모두 체험한 주인공이 해방 이후의 남한은 개인만 있고 국민은 없으며, 북한은 사람 대신 당이 주인공이라는 현실을 깨닫고, 과연 무엇이 진정한 삶인지 고민하는 작품. 사상과 이념을 뛰어넘는 사고를 보여준다.

시진핑 평전(우밍)

13억 중국을 이끌어가는 지도자 시진핑이 중국 공산당의 황태자가 되어 마침내 서열 1위로 올라서기까지 과정을 상세히 들여다본다. 논어를 비롯한 고전의 철학을 바탕으로 혁신적 정치 지도자의 면모를 갖추어 가는 과정이 새롭다.

자유를 향한 머나먼 길(넬슨 만델라)

남아프리카공화국 최초의 흑인 대통령이며, 노벨 평화상을 수상한 저자의 인권과 자유와 민주주의를 위해 싸운 불굴의 인간 정신을 보여주는 책이다. 인간의 존엄과 자유의 소중함은 국경이나 피부색과는 전혀 상관없다는 진실이 드러난다.

세계사를 움직이는 다섯 가지 힘(사이토 다카시)

세계사를 통찰할 수 있는 욕망, 모더니즘, 제국주의, 몬스터(자본주의, 사회주의, 파시즘), 종교 등 다섯 가지를 설명한다. 세계사를 움직이는 작동 원리에 대한 근본적 이해와 정치적 판단의 밑거름을 제공한다.

세 번째 단계는 연결지능을 본격적으로 키워주는 것이 핵심이에요. 이 과정부터 전략적 독서가 필요합니다. 연결지능은 왜 필요할까요? 분야를 넘나들어야 하기 때문입니다. 연결지능이 융합과 통섭의 수단이 되기 때문이에요. 산업화 시대 인재는 한 분야를 깊게 파는 전문가입니다. 반면 4차 산업혁명 시대 창의융합 인재는 분야를 넘나들며, 서로 다른 것을 연결하고 융합해 가치를 만들어내는 전문가인 거죠. 따라서 인문학을 전공했다 하더라도, 공학과 자연과학에 대한 배경지식이 필요하며 반대로 공학도는 인문사회 분야 지식이 필요한 거예요.

한 공학도가 교육 관련 앱을 개발해야 한다고 가정해보세요. 앱을 기술적으로 설계해서 만들 수 있는 충분한 능력을 갖추고 있지만, 교육에 대한 이해와 교육 관련 콘텐츠를 모르는 상황이라면 교육 관련 앱을 개발하는 것은 불가합니다. 그렇다면 공학도가 교육 관련 콘텐츠를 교육 전공자만큼 알아야 할까요? 그렇지는 않습니다. 교육 관련 배경지식만 갖추면 되는 거예요. 교육 관련 배경지식이 있어야 교육 콘텐츠를 가진 전문가와 협업해서 앱을 기획할 때, 충분한 이해를 바탕으로 기획할 수 있기 때문입니다. 반대로 교육 전문가는 앱의 구동 원리를 이해하는 정도의 공학적 배경지식이 있으면 되는 거예요.

그렇다고 전 분야를 얇고 넓게 알아야 한다는 의미는 아닙니다. 자기의 전문 분야만큼은 깊이 있는 지식이 필요합니다. 그러므

전문가 가이드

전공 적합 도서	**카타리나 블룸의 잃어버린 명예, 하인리히 뵐(김연수, 민음사)** 사회/법과 정치/사회문화: '폭력은 어떻게 발생하고 어떤 결과를 가져올 수 있는가'라는 부제가 붙어 1974년 출간됐으며, 이 책은 2008년 5월에 나온 책의 2018년 9월의 31쇄다. 1972년 노벨 문학상을 받은 저자는 '독일의 죄의식'을 작품화한 작가이며, '휴면 미학'을 구현했다고 한다. 이 작품은 언론의 잔인한 폭력을 다룬다. 지금의 표현으로는 '기레기'의 본질을 보여주는 셈이다. 한 사람을 세상 끝까지 추적하는 전략과 전술은 예나 지금이나 비슷한 모양이다. **앵무새 죽이기, 하퍼 리(김욱동, 열린책들)** 사회/법과 정치/사회문화: "아빠가 정말 옳았다. 언젠가 상대방의 입장이 되어보지 않고서는 그 사람을 참말로 이해할 수 없다고 하신 적이 있다. 래들리 아저씨 집 현관에 서 있는 것만으로도 충분했다." 여성 작가의 영향인지 주인공은 어린 여자 소녀이다. 입학 전부터 2학년까지 대략 3년 동안의 엄청난 성장을 이룬 소설이다. 시대가 흐르는 만큼 고전의 위치는 확고해 보인다. 앵무새보다는 '흉내쟁이 지빠귀'가 정확한 표현인 'To kill mockingbird'는 1960년 출간되어, 1930년대 경제 대공황 시기를 배경으로 '나와 타인'에 대한 배척 심리를 천진한 어린 눈을 통해 적나라하게 드러내는 책이다. **사라진 민주주의를 찾아라, 장성익(풀빛)** 사회/법과 정치/사회문화: '대의민주주의와 자유민주주의에 가린 민주주의의 진짜 얼굴'을 찾는 책으로, 2018년 5월에 출간됐다. 오늘날의 민주주의는 깊이 병들었고, 크게 고장 났다는 문제의식에서 출발하는 글은, 우리 삶의 가치와 의미 및 목적 등은 제대로 된 민주주의에서 나온다는 전제를 바탕으로 한다. 대의민주주의의 '대의'는 심각한 실패를 거듭하고, 자유민주주의의 '자유'는 치명적 손상을 입는 중이다. 그렇다면 진정한 민주주의란 무엇일까? 그에 대한 답을 구하는 노력이 이 책의 목적이자 핵심 내용이다. **비통한 자들을 위한 정치학, 파커 J.파머(김찬호, 글항아리)** 사회/법과 정치/사회문화: 민주주의가 무엇인지, 우리는 민주주의를 어떻게 이끌고 나아갈 것인지에 대한 명쾌한 해답을 선사하는 책이다. 물론 더 나은 제안이 앞으로도 얼마든지 있을 것이지만, 2011년 원작이며 이 한글판은 2016년 11월에 나온 7쇄이다. 원제는 'Healing the Heart of Democracy : The Courage to Create a Politics Worthy of the Human Sprit'이다. 우리의 민주주의를 대하는 마음이 얼마나 중요한지 말하면서, 자기의 뜻대로 흘러가지 않는 미국 정치에 대한 환멸이나 절망 혹은 비참함을 고발한다.

로 자기 전공 분야에 대한 전공 적합성을 입증하는 독서가 주가 되어야 합니다.

현장에서 아이들에게 전략적 독서로드맵을 제시해줄 때 세 가지 분야로 나누어 안내합니다. 전공 적합도서, 계열 적합도서, 융합 확장도서 3개의 카테고리로 구분해 제시하는 거죠. 예를 들어 영어 교사가 진로 목표인 아이의 경우, 영어 교육과 관련된 도서는 전공 적합에 해당해요. 사범대학에서 다루는 콘텐츠 관련 도서는 계열 적합도서로, 마지막으로 영어 교육이 인문 영역이라면 정반대의 영역인 자연과학이나 공학 관련 도서는 연결지능을 키워주는 융합 확장도서로 분류해 제시하는 형태죠. 이러한 기준에 따라 외교관 진로를 가진 아이에게 안내한 전공 적합 관련 도서 추천 리스트는 바로 앞에서 제시한 예시 자료입니다.

이것은 계열 적합 관련 자료로 주로 정치외교학부에서 공부하는 데 도움이 되는 도서로 구성합니다. 전공과 관련된 도서와 전공을 포함하고 있는 계열 도서가 전체 12권의 추천 도서 중 8권의 비중을 차지하도록 의도한 거예요. 그리고 나머지 4권은 융합 확장도서로 구성합니다.

전문가 가이드

<table>
<tr><td rowspan="8">계열
적합
도서</td><td>

선량한 차별주의자, 김지혜(창비)

사회/사회문화/생활과 윤리: '차별'은 언제나 그렇듯 당하는 사람은 있지만, 하는 사람은 잘 보이지 않기에 항상 당하는 사람이 먼저 이야기한다. 모욕적인 말의 범위가 광대하고, 매우 은밀한 까닭에 당하는 이에게 물어봐야만 차별이나 모욕을 알 수 있다. 스스로 선량한 사람이어서 차별은 절대 하지 않는다고 생각하는 '선량한 차별주의자'들이 우리 주위에는 많다. 나를 포함하여 그 누구도 그런 부류일 수 있다. 2019년 7월에 나온 책으로, 250여 쪽에 불과하지만 내용의 깊이는 상당하다. 차별과 모욕이 어떻게 작동하는지에 대한 분석이 현미경을 들여다보는 것처럼 세밀하다.

죽도록 즐기기, 닐 포스트먼(홍윤선, 굿인포메이션)

사회/사회문화: "미디어는 메타포다." 마셜 맥루언의 "미디어는 메시지다."에 이은 또 하나의 명언이 수록된 책으로, 이 번역판은 2020년 4월에 나온 리커버 개정판이다. 원제는 'AMUSING OURSELVES TO DEATH'로, 2006년 개정판의 서문은 닐 포스트먼의 아들인 앤드류가 고인이 된 아버지를 대신해 썼다. 사회 비평과 교육 분야 및 커뮤니케이션 이론가인 저자는 TV 해악을 일찌감치 경고하면서 교육, 종교, 정치, 언론 등 거의 모든 공공 생활이 TV로 인해 오락으로 변질된 현실을 꼬집는다.

사람을 옹호하라, 류은숙(코난북스)

사회/사회문화/생활과 윤리: 인권의 최전선이자 최후의 보루인 소중한 가치들에 대해 논하는 책으로, 2019년 2월에 출간했다. "인간의 존엄은 취약함 속에 깃들어 있다." 한 국가나 사회에서 평등하고 자유로운 관계를 유지하면서 살아가는 일은, 인권을 보장 받으며 혹은 누리며 사는 것이다. 출신, 사회적 지위, 학력, 직업, 성별, 재산 따위가 무엇인지 가려가면서 불평등과 차별을 조장하는 모든 행위를 중지한다면 '사람을 옹호'하며 사는 삶이다. 개인의 고유한 개별성, 소중함 등은 고립된 단자가 아닌, 관계 속에서야 보호받을 수 있다. 평등한 자유의 선이 무너지지 않도록 모두의 권리 체계를 유지하고 강화해야 한다고 주장한다.

내 얘기를 들어줄 단 한 사람이 있다면, 조우성(리더스북)

사회/법과 정치/도덕/생활윤리: 사람의 분노와 상처의 진정한 치유는 공감이라는 사실을 보여주는 책으로, 2013년 4월에 나왔다. '뚝벅이 변호사'가 전하는 뜨겁고 가슴 저린 인생 드라마 35편이, 우리의 삶이란 무엇인지 짐작하게 한다. 인생에 정답은 없어도 지향점은 있다. 인생 감정의 극점에 홀로 서 있을 때, 단 한 사람의 공감을 만나느냐 그렇지 못하느냐의 차이는 인생의 명암 차이로 발전한다. 당신의 말을 들어줄 단 한 사람이 당신의 인생에 존재하는가?

</td></tr>
</table>

전문가 가이드

융합 확장 도서	**세계사를 바꾼 12가지 신소재, 사토 겐타로(송은애, 북라이프)** 과학/화학: 인류 역사 문명의 기반이 된 '철'부터 미래를 이끌 '메타 물질'까지, 12가지의 재료를 통해 과거와 현재, 미래의 세상을 바라본다. 여기서 말하는 '재료'는 물질 중에서 인간 생활에 직접 도움이 되는 것으로, 1억 4천만 개가 넘는 물질이 이 세상에 존재한다면, 그것은 극소수에 불과하다. 저자가 일본인이어서 발전된 일본 과학계의 내용이 제법 나오는 불편함이 있기는 하지만, 방대한 역사적 내용을 가볍게 축약한 솜씨는 탁월한 편이다. **학문의 즐거움, 히로나카 헤이스케(방승양, 김영사)** 과학/수학: 1982년 일본에서, 1992년 한국에서 번역 출간된 한 일본인이 목표를 향해 꾸준히 노력함으로써 세계 최고의 수학자가 된 경험담이다. 보통 사람의 평범한 성장기를 거쳐 '소심심고(素心審考)' 자세로 보낸 연구기와 전성기가 담담한 필체로 그려진다. 도전하는 정신을 바탕으로 한 배움의 길은 창조의 여행으로 이어지고, 마지막 종착역은 새로운 자기 발견이다. 학문의 길을 보여주려 했지만, 인생의 의미 있는 철학까지 소개한 셈이다. **포스트휴먼 오디세이, 홍성욱(휴머니스트)** 과학/생명과학: 휴머니즘에서 포스트휴머니즘까지, 인류의 미래를 향한 지적 모험의 과정을 살펴볼 수 있다. 2016년 교육부와 한국연구재단의 지원을 받아 수행된 연구를 바탕으로 한 글이며, 인간과 세상에 대한 새로운 감수성을 찾아 나선 여정이다. 여기서 감수성이란, 포스트휴머니즘의 핵심 정신으로, 외부 정신을 받아들여 인지하고 느끼며 행하는 능력을 말한다. 세상을 포용하고 공감하며 애정하는 적극적인 심성이기도 하다. 270페이지의 두껍지 않은 분량이지만, 많은 내용이 요약되어 있다. **열구 발자국, 정재승(어크로스)** 과학/생명과학: "결과를 예측할 수 없는 상황에서 호기심, 도전정신 같은 자발적 동기만으로 끝까지 몰두해 해답을 얻거나 무언가를 이루어내는 건, 세상을 바꾼 사람들이 보이는 가장 강력한 특징입니다." KAIST 바이오 및 뇌공학과 교수인 저자가 2012년 3월부터 2018년 1월까지 기업이나 일반인을 대상으로, 여러 곳에서 12회 강의한 내용을 두 번의 인터뷰와 함께 정리한 책이다. 인간이라는 경이로운 미지의 숲을 탐구하면서 과학자들이 내디딘 열두 발자국의 흔적이라 해도 좋고, 뇌과학의 관점에서 인간은 어떤 존재인지 탐구하는 과정을 설명하는 글이라 해도 무방하다.

끝으로 앞의 자료는 외교관이 진로 목표인 아이에게 제시한 융합 확장 관련 도서입니다.

연결지능을 키우는 핵심은 전략적 독서입니다. 1년 단위로 추천된 독서로드맵을 활용해서 아이들이 읽고 자기 것으로 만드는 전략이 필요해요. 단순히 읽기만 하면 되는 것이 아니라, 읽고 나서 철저하게 독후 활동을 병행해야 합니다.

자, 이 아이가 초등학교 6학년 때 이 과정을 시작했다고 가정해보세요. 외교관에게 필요한 전공 적합 도서를 매년 4권씩 7년간 28권을 읽습니다. 계열 적합도서 역시 28권, 융합 확장도서도 마찬가지예요. 일회성이 아니라 중장기적 전략으로 꾸준히 공부할 경우 갖게 될 역량을 생각해보세요. 단언컨대 이 아이가 고등학교 3학년이 되어 면접장에서 정치외교학부 교수님과 마주 앉아 토론한다고 하더라도, 전혀 밀리지 않고 당당하게 대처할 거예요. 전공 적합성을 입증할 역량을 키우는 것뿐 아니라, 영역을 넘나드는 융합 확장도서를 통해 융합인재에게 필요한 연결지능을 키우게 됩니다. 연결지능을 키우는 공부는 이처럼 중장기적 전략이 필요합니다. 이것이 진짜 공부 아닐까요? 융합인재로 키우는 선택은 초등학교 고학년 시기가 적합한 이유입니다.

8

—

나는 지속적 성장을 꿈꾸는 개발도상인이다

—

저는 지속해서 성장하기를 꿈꾸는 개발도상인입니다. '아이들이 진짜 공부를 할 수 있게 돕는 방법은 무엇일까?', '단순 지식이 아니라 역량을 키울 수 있도록 어떻게 도울 수 있을까?'에 대한 질문을 수없이 제게 던졌어요. 질문을 던져야 비로소 그에 대한 답을 얻을 수 있어서지요. '진로 목표가 없는 아이들에게 가슴 설레는 꿈과 비전을 가질 수 있도록 어떻게 도울 것인가?'란 질문을 던진 결과 비전 로드맵 프로그램을 기획하게 되었습니다. '시간이 지나면서 자연 방전되는 꿈과 비전에 어떻게 열정을 되살릴 수 있을까?'라는 물음에 대한 해법도 얻을 수 있었어요. 질문을 던지고 그에 대한 답을 구하는 과정은 앞으로도 무한히 반복될 예정입니다. 왜냐하면 저는 개발도상인 '성장'이란 가치를 삶의 최우선 순위에 두고 있거든요.

사회 환경이 급속도로 변화하면서 우리 사회는 창의융합 인재를 요구하고 있습니다. 기존의 산업화 시대 인재 양성 방식으로는 절대 키울 수 없기 때문이에요. 또다시 질문을 던지기 시작합니다. '어떻게 하면 미래 사회가 요구하는 창의융합 역량을 키울 수 있을까?' 치열하게 질문하고 연구를 지속합니다. 그 결과 창의융합 인재가 갖추어야 할 핵심 역량은 '연결지능을 키우는 것'이란 확신을 얻게 되었어요. 그리고 그 해답을 독서에서 찾았습니다.

2015년부터 독서 전문가와 함께 모여 일주일에 두 번씩 만나 연구를 시작합니다. 치열한 연구와 기획 끝에 독서로드맵 프로그램이 하나하나 만들어졌어요. 우선 강연 현장에서 만난 아이들에게 무료로 독서로드맵을 제공하기 시작했습니다. 3천 명이 넘는 아이들에게 독서로드맵을 제공하고 피드백을 받은 거예요. 그 후로도 시스템을 세 번 이상 대폭으로 수정하며 진로 독서 개인별 로드맵은 진화하고 진보합니다.

'진독개' 생소한 이름이죠. '진로 독서 개인별 로드맵'의 약자입니다. 진독개는 우리 아이들에게 세 가지 도움을 주기 위해 태어났어요. 첫 번째는 4차 산업혁명 시대 인재의 필수 자질인 초연결 지능을 키우는 데 필수적인 도구입니다. 두 번째, 진로 탐색을 돕는 역할이에요. 책을 통해 관심 분야를 확장하고 롤모델을 선정할 수 있는 진로 독서의 길잡이 역할을 합니다. 세 번째는 중장기적으로 아이가 희망하는 고등학교 입시나 대학 진학에서 진로 적합성과 전공 적합성을 입증하는 데 도움을 주는 수단입니다.

중장기적으로 고교 입시뿐 아니라 대학 입시에서 유리한 정도가 아니라, 더 큰 성과로 이어질 수밖에 없는 근거를 몇 가지 제시해 보겠습니다. 많은 대학 교수뿐 아니라 입시 전문가들은 기존 대학 입시에서 주류를 이루고 있는 학생부종합전형뿐 아니라 향후 대학 입시에 중심으로 자리 잡을 고교학점제 시대에서 '입시에 대한 해법'을 독서에서 찾으라고 조언합니다. 도대체 그들이 왜 독서에서 해법을 찾으라고 조언하는 것일까요?

그 이유는 첫째, 아이가 중학교 입학 후 3년, 고등학교 3년 총 6년간 읽은 도서를 학교생활기록부를 통해 확인하면, 아이의 진로 목표와 연관된 전공 적합성과 지적 역량이 드러나기 때문입니다. 또한 아이가 독서 활동을 통해 진로 결정을 하는 데 얼마나 깊은 고민을 했고, 지적 호기심을 어떻게 발전시켜 왔는지 적나라하게 알 수 있습니다. 둘째, 면접에서 생각의 깊이가 드러나기 때문이에요. 책을 많이 읽은 학생은 말하는 것에서 논리적 사고와 특정사안에 대한 문제 인식이 드러납니다. 이런 아이들은 면접에서 자연스럽게 차별성이 부각됩니다.

아마 학생부종합전형에 대한 어느 정도 정보를 가지고 있다면, 전략적 독서를 활용한 학교생활기록부 관리가 주요 명문고 입시와 대학 입시에서 합격의 당락을 좌우하는 핵심 열쇠란 사실에 동의하실 거예요. 그래서 최근 많은 온라인 정보망을 통해 추천 도서 목록이 여기저기 뿌려지고 있어요. 하지만 그렇게 뿌려지는 도서 목록은 사실상 우리 아이들에게 별 도움을 주지 못해요. 왜냐하면, 추천 도서 목록이 도움이 되려면 아이 개개인의 진로 목표와 독서 수준 그리고 난이도를 고려해서 맞춤형으로 제공해 주어야 하기 때문입니다. 그런데 최근 온라인 정보망을 통해서 뿌려지는 추천 도서 목록은 도서의 난이도를 전혀 고려하지 않고 들쭉날쭉해, 어느 학년 어떤 수준의 아이가 그 책을 읽어야 하는지 어떤 근거도 기준도 찾아볼 수 없어요. 어떤 도서가 어느 진로 목표와 연관된 전공을 준비하는 아이에게 필요한 것인지 적절한 가이드 또한 찾을 수 없어요. 게다가 이 도서가 어느 과목과 연관된 도서인지 알 길 또한 막막합니다. 따라서 정작 독서의 중요성은 난무하지, 학교 국어 선생님뿐 아니라 주변의 내로라하는 입시 전문가들 또한 개인별 맞춤형 도서 선정 부분에 해법을 제시하기 힘들어합니다.

하지만 위에서 제시한 문제에 대한 해결책을 찾아주는 것은 너무 필요하고 중요합니다. 누군가는 해결해야 한다고 생각했어요. 그렇다고 능력 있는 한두 사람이 해결하기에는 역부족이었죠. 그래서 지난 7년간 국내 최고의 독서 전문가와 입시 전문가, 진로 전문가가 힘을 모아 진독개 프로그램을 기획하고 수정하며 많은 시간과 노력을 투자했습니다.

　먼저 문제가 되는 도서의 난이도를 유아, 초등, 중등, 고등, 대학생, 전문가 수준을 망라해 10단계로 구분했어요. 또 진로 구분은 워크넷을 기준으로 80개로 분류함과 동시에 26개 학과목으로 도서 하나하나에 태그를 붙여 구분했습니다. 이에 따라 진독개 로드맵은 세부적으로 전공 적합성을 입증하는 전공 적합도서, 계열 적합성을 입증하는 계열 적합도서 그리고 융합 역량을 입증하도록 융합 확장도서로 구분해 연간 12권의 도서를 선정해서 배포하기 시작했어요. 좀 더 세부적으로 표현하자면 경영자를 진로 목표로 하는 아이에게 경영과 관련된 도서는 전공 적합도서로 선정합니다. 경상대학에서 배우는 내용과 관련된 도서는 계열 적합도서로 선정하죠. 그리고 융합 인재로서 역량을 기르도록 경상 계열에서 잘 다루지 않는 자연과학이나 공학 계열에서 융합 확장도서를 선정하는 방식인 거죠.

　이렇게 개인별 맞춤형으로 배포된 진독개 로드맵을 근거로 효율적인 독서 활동을 지원해 온 거예요. 예정된 일정대로 독서 활동을 마치면 진독개 사이트http://jroadmap.com 마이 페이지에 접속해 독서 활동 보고서를 작성합니다. 진독개가 제시하는 독후 활동과 독서 활동 보고서는 면접을 염두에 두고 비판적 사고를 키우는 데 도움이 되는 방향으로 설계했습니다.

　　진독개 프로그램은 당장 입시를 앞둔 고등학교 2·3학년 입시 준비생들에게 큰 도움이 됩니다. 하지만 이 프로그램을 기획한 저는 진독개가 초등학생이나 중학생에게 더 널리 활용되길 희망합니다. 왜냐하면 미래 사회가 필요로 하는 역량을 충분히 개발하고 강화하는 데 근본적인 도움이 되기 때문입니다. 장기적으로 진로 목표를 설정하고 진로와 연관된 전공 적합성을 확장하는 도구로도 연장됩니다. 최종적으로 융합인재가 갖추어야 할 연결지능을 키우는 본질적인 실제 역량을 체득할 수 있어요. 사고고 치는 인재 혁명 솔루션 진독개가 우리 아이들이 미래 인재로 성장하는 데 있어서 유용한 도구로 활용되길 희망합니다.

　　당신의 삶에 가장 큰 영향을 미치는 가치는 무엇인가요? 저는 한순간도 주저하지 않고 성장이라 말씀드립니다. 아마도 죽는 날까지 성장을 꿈꾸며 살아갈 거예요. 그런 의미에서 오늘도 연구를 게을리하지 않는 개발도상인의 하루를 살아갑니다. 우리 아이들에게도 어떤 가치를 만들어 줄 것인지 함께 고민해보는 것은 어떨까요? 훌륭한 가치를 유산으로 남겨 주는 것이 수십억의 재산을 물려주는 것보다 훨씬 의미 있는 일이 아닐까 생각해봅니다.

마치는 글

부모가 먼저입니다

—

내 안에 두 개의 '나'가 존재하는 듯합니다. 하나는 자기가 되고 싶어 하는 나, 다시 말해 내 삶을 '지배하는 나'가 있고요. 다른 하나는 우리 사회나 가족이 기대하는 나, 즉 삶을 '지배받는 나'입니다. 누구나 두 개의 '나'를 가지고 있는데, 이 두 가지가 적절한 조화를 이루기는 힘이 듭니다. 주로 엄하고 가부장적인 부모 아래서 자란 사람에게서 삶을 지배받는 나의 성향이 강하다고 합니다. 부모에게 착한 아들, 선생님에게 번듯한 제자, 친구들에게 언제나 의리를 지키는 아이 등, 주위 사람들이나 사회가 나에게 바라는 기대나 요구를 자기도 모르는 사이에 내면화한다고 합니다.

자녀가 삶을 지배받는 나의 성향이 강한 상태로 성장할 경우, 우려되는 심각한 문제를 살펴볼게요. 무엇보다 자기의 인생에서 하고 싶은 일이 무엇인지, 이루고 싶은 것이 무엇인지 스스로 인지하지 못할뿐더러 주도적으로 고민하지 않고 누군가에게 의존합니다. 심지어 자기의 삶을 이끄는 가치가 무엇인지, 어떤 일을 하면 행복한지, 어떤 일을 할 때 보람을 느끼는지 본인이 인지하고 삶을 선택하는 것이 아니라, 그 선택을 타인에게 묻거나 다른 사람이 하는 것을 보고 따라서 합니다. 자기의 정체성을 스스로가 아닌 타인을 통해 세우는 아이는 큰 인재로 성장할 수 없습니다. 삶을 지배하는 나의 성향이 강한 아이, 스스로 정체성을 분명하게 세우고 삶을 지배하는 아이로 키워야 하는 이유입니다.

이 책에서 큰 비중을 두고 어필한 꿈과 비전을 설정하는 과정은 자기의 정체성을 찾아가는 경험 여정과 일치합니다. 글을 마무리하면서 자녀를 미래 핵심인재로 키우고 싶은 독자 여러분께 세 가지 사항을 당부드립니다.

첫 번째, 자녀가 꿈꾸는 인재로 성장하도록 비전부터 잡아주세요.

신이 나에게 허락한 재능을 나 혼자만을 위해 쓰는 것이 아니라, 나의 도움이 필요한 사람들에게 어떤 도움으로 그들이 가진 아픔과 고통을 해결해 줄 것인가? 이 사회와 국가를 위해 어떤 기여

와 헌신을 할 것인가? 이 사회가 필요로 하는 공공인재로서 질문을
세상에 던지고 그 질문에 답을 찾아가는 '브랜드 철학'을 가진 비전
리더로 성장하도록 도와주세요. 자녀가 가진 비전이 사명으로 진화
하는 순간, 누가 시키지 않아도 스스로 알아서 공부하는 능동적 자
기주도학습자로 성장합니다. 왜냐하면 왜 공부해야 하는지 자기만
의 특별한 이유를 찾은 덕분입니다. 진로탐색기에 해당하는 초등
학교 고학년이나 중학생 자녀에게 필요한 우선순위는 학업 역량이
아니라 비전 역량입니다.

두 번째, 연결지능을 키워주세요.
창의 융합인재에게 가장 필요한 1순위 자질에 해당하는 것이
연결지능입니다. 글로벌 기업을 이끄는 핵심인재들은 남들보다 탁
월한 연결지능Connectional Intelligence : CxQ을 가지고 있어요. 테슬라의
최고경영자 일론 머스크는 "테슬라가 만드는 자율자동차는 자동차
가 아니라 바퀴 달린 스마트폰이다."라고 정의합니다. 최고경영자
가 연결지능을 활용해 테슬라의 업業을 재정의했어요. 업을 재정의
하는 순간 테슬라는 세계 유수의 자동차 회사와 경쟁하는 것이 아
니라, 전자 회사에서 자동차를 생산하는 차별화 전략으로 마케팅에
성공합니다. 세계 최대 규모의 종합패션의류기업 자라ZARA의 최고
경영자 아만시오 오르테가는 "자라에서 판매하는 것은 의류가 아
니라 생선이다."라고 정의합니다. 왜 그는 자라가 판매하는 의류를
생선이라 정의했을까요? 생선은 신선도가 중요하기 때문입니다.

자라에서는 아무리 인기가 높은 의류라 할지라도 매장에서 출시한 지 4주가 지나면, 전량 수거해서 구매할 수 없다고 합니다. 그 결과 자라의 의류에 관심이 많은 고객은 수시로 자라 사이트를 방문하거나, 매장을 찾게 하는 전략으로 상당 부분 매출을 증가시켰다고 합니다. 연결지능을 가진 소수의 사람이 세상을 지배하고 있습니다.

많은 전문가가 연결지능을 키울 수 있는 가장 효율적인 방법으로 두 가지를 추천합니다. 공부하고 떠나는 여행과 독서입니다. 두 가지 방법 모두 유용하지요. 하지만 중장기적 전략을 가지고 확실하게 연결지능을 키울 수 있는 수단은 '독서'입니다. 전략적 독서를 활용해 자녀의 연결지능을 키워주세요.

세 번째, 부모가 먼저입니다.

부모가 먼저 정체성이 분명한 삶을 택해 지배하는 나의 본보기로 보여주세요. 누구의 아내나 남편, 누구의 엄마나 아빠로 가족이나 사회가 기대하는 삶을 지배받는 내가 아니라, 스스로 정체성을 당당하게 드러내는 주도적인 모습을 자녀에게 보여주세요. 가슴 설레는 꿈을 가지라고 말하기보다, 부모가 먼저 분명한 꿈과 비전을 설정해보세요. 처음부터 너무 큰 꿈을 설정하기보다, 작더라도 실천할 수 있는 꿈과 목표를 세우고 하나씩 실행하며 본을 보여주시면 됩니다. 연결지능을 키우라고 자녀에게 책을 안겨주고 읽으라고 종용하기보다, 부모가 일주일에 한 권이라도 책을 읽는 모습을 보여주세요. 부모가 먼저입니다!

　다시 한번 강조합니다. 부모가 1%의 비전을 가지면, 자녀는 90%의 비전리더로 성장합니다. 자녀가 청소년 시기에 자신의 비전을 세우는 일을 게을리하면, 앞으로 30년 후 자신의 비전이 아닌, 누군가의 비전을 이루는 도구로 활용될 수 있습니다.

　이 땅의 더 많은 청소년이 상위 1% 인재 혁명을 통해 세계를 주름잡는 글로벌 핵심인재로 성장하길 희망합니다.